人工智能与博弈对抗

陈少飞　苏炯铭　项凤涛　编著

科学出版社

北京

内 容 简 介

本书以人工智能方法解决博弈对抗问题为主线,介绍策略搜索与机器博弈、机器学习与数据对抗、强化学习与对抗决策、博弈论与均衡策略计算等理论基础以及其在求解博弈对抗问题中的应用,探讨人工智能对军事博弈对抗的影响。

本书可以作为人工智能、博弈对抗、决策规划等领域研究人员的参考书,也可以作为高等院校本科生和研究生人工智能、智能博弈等课程的参考教材。

图书在版编目(CIP)数据

人工智能与博弈对抗/陈少飞,苏炯铭,项凤涛编著. —北京:科学出版社,2023.3

ISBN 978-7-03-074000-7

Ⅰ. ①人⋯ Ⅱ. ①陈⋯ ②苏⋯ ③项⋯ Ⅲ. ①人工智能-研究 Ⅳ. ①TP18

中国版本图书馆CIP数据核字(2022)第224663号

责任编辑:张海娜 赵微微 / 责任校对:任苗苗
责任印制:赵 博 / 封面设计:无极书装

科 学 出 版 社 出版
北京东黄城根北街 16 号
邮政编码:100717
http://www.sciencep.com
北京天宇星印刷厂印刷
科学出版社发行 各地新华书店经销
*
2023 年 3 月第 一 版 开本:720×1000 1/16
2024 年 6 月第三次印刷 印张:12 3/4
字数:255 000
定价:98.00 元
(如有印装质量问题,我社负责调换)

前　言

博弈与对抗是人类演化进程中的重要交互活动，广泛存在于人与自然、人与人、人与机器之间，是人类思维活动特别是人类智能的重要体现。"博弈对抗"一词在学术界不常用到，而常用于体育竞技、游戏娱乐、国防军事等领域。本书借鉴这些领域的用法，用"博弈对抗"指代以对抗或冲突为主的博弈。虽然坚持和平发展、合作共赢是实现人类社会共同福祉的美好愿景，但是现实中的局部冲突与对抗仍然长期存在。在历史长河中，生存与发展的挑战不断，面对挑战，人类不断思考和解决各种博弈对抗问题，总是能够化解危局、不断进步，并且期待着未来能够实现人与机器、人与自然的和谐共处。

近些年，人工智能技术先后在不同类型的游戏中击败人类玩家，表现出辅助人类解决真实世界博弈对抗问题的巨大潜力。这些游戏的突破也在一定程度上代表了人工智能不同阶段的发展水平，包括西洋双陆棋、国际象棋、围棋、德州扑克、斗地主、麻将等回合制棋牌游戏以及《星际争霸》、《刀塔 2》、《王者荣耀》等即时策略游戏。此外，学术界在足球机器人、无人机人机对抗等领域也不断取得技术上的突破。

同时，人工智能技术在国防军事领域博弈对抗问题中有着重要的应用潜力。2018 年，美国陆军与"策略机器人"(Strategy Robot)公司签订高达千万美元的合同，其目的是赞助德州扑克求解技术的研究工作。美国新安全中心智囊团表示"冷扑大师"(Libratus)所采用的技术可以使战争游戏和模拟练习变得更有用。该技术给出的结果可能仍然只是战略规划和研究的其中一个组成部分。此外，美国国防部高级研究计划局(Defense Advanced Research Projects Agency, DARPA)正在启动一项计划，探索"冷扑大师"的技术如何应用于军事决策。同样，兵棋推演也是智能博弈对抗的典型应用领域，可用于辅助衡量作战行动成功的概率，进而不断地完善行动方案。目前兵棋推演逐渐发展成回合制的策略类游戏以及回合制的战争模拟游戏，不仅关注战斗控制，更注重战略统筹。

本书以人工智能方法解决博弈对抗问题为主线，介绍树搜索、机器学习、博弈论等理论基础以及其在求解博弈对抗问题中的应用，探讨人工智能技术推动军事博弈对抗的发展趋势。全书分 6 章。第 1 章是绪论，介绍智能与博弈对抗的相关概念、人机对抗的兴起与发展等；第 2 章介绍策略搜索技术及其在国际象棋、西洋跳棋、《吃豆人》游戏等机器博弈中的应用；第 3 章介绍机器学习基础知识及其在对手行为预测、对抗攻击中的应用；第 4 章介绍强化学习基础知识及其在 Atari 游戏、围棋、《星际争霸》和兵棋推演等领域进行对抗决策的应用；第 5 章介绍经典博弈论基础知识以及在均衡策略求解中的人工智能技术；第 6 章探讨人工智能技术对军事博弈对抗的影响。其中，第 1、2、5、6 章由陈少飞撰写，第 3、4 章由苏炯铭撰写，项凤涛参与了第 1、5 章部分内容撰写。撰写本书的目的不是覆盖所有的知识，而是主要介绍相关领域的基础知识和典型应用。感兴趣的读者可以从相关参考文献中获得更为深入和前沿的内容。

本书是在国防科技大学"智能博弈"研究生课程讲义的基础上撰写完成的，该课程已于 2020～2022 年开设了三次，学生参与的课程研讨与文献阅读报告对部分章节内容的撰写起到了重要作用。国防科技大学陈璟教授在本书撰写过程中多次给出了指导性建议，在此一并表示感谢。

感谢国家自然科学基金项目(61702528, 61806212)、湖南省自然科学基金项目(2019JJ50724)、湖南省普通高等学校教学改革研究项目(HNJG-2002-0009, HNJG-2021-0271)、湖南省学位与研究生教学改革研究项目(2021JGSZ004)、国防科技大学科研项目(ZK19-29)对本书的资助。

由于作者水平有限，书中难免存在不妥之处，敬请各位专家、读者批评指正。

目　录

第1章 绪 论

1.1 相关概念与理解

博弈对抗在现实中所涉及的智能范畴十分广泛,往往并不局限于人工智能(artificial intelligence, AI)。本节首先分别从智能、人工智能、机器智能、人机混合智能与群体智能等概念与研究范畴进行分析,然后对博弈对抗的概念进行简要介绍。

1.1.1 智能

1. 语言学中智能的定义

在语言学领域,表征人类精神活动的词语很多。英语中除了 intelligence,还有 mentality、mind、intellect、wisdom、insight 等;汉语中除了智能,还有智力、智慧、思维、认知、意识等。

《不列颠百科全书》中将 intelligence 表述为"是有效适应环境的能力"、"不是单一的心理过程,而是达成环境有效适应性的心理过程的综合"[1]。维基百科上的表述为"指逻辑、理解、自我意识、学习、情感知识、推理、规划、创造和解决问题的能力,可以更广泛地定义为感知或推断信息,并将其作为知识应用于特定环境下自适应行为的能力"[2]。从语源学角度看,intelligence 源自拉丁语 intelligentia,意为"理解、知识、洞察力、文艺、技能、体验",其组成为 inter + legere,inter 意为"在……之间",legere 意为"搜集、选择"[3]。

在中文中,智能被阐述为"智"+"能",亦即智力和能力。《荀子》正名篇中提到"所以知之在人者谓之知,知有所合谓之智",意思是说在人身上所具有的用来认识事物的能力,称为"知";知觉与所认识的事物能够符合,称为"智"[4]。

2. 心理学中智能的定义

在心理学领域存在着很多关于智能的表述。认知发展理论创始人让·皮亚杰(Jean Piaget)认为智能是在人不知道怎么做的时候才会动用的一种能力。心理学家大卫·韦克斯勒(David Wechsler)认为智能是有目的行动、理性思考、有效处理环境的能力。教育学家和心理学家霍华德·加德纳(Howard Gardner)提出的多元智能理论认为人类智能包括八个方面(图1.1)：语言、数理逻辑、视觉/空间、身体/运动、音乐、人际、内省、自然探索[5]。由心理学家路易斯·瑟斯顿(Louis Thurstone)和哈罗德·凯利(Harold Kelley)提出的基本心理能力理论，认为有七种最基本的、相互关联的智力能力：言语理解、言语流畅性、归纳推理、空间视觉化、数字、记忆、知觉速度。约翰·卡罗尔(John Carroll)认为智力由三个层次水平的因素组成。最高水平层由一种因素构成，即一般智力因素；中间水平层由七种因素构成，即流体智力、晶体智力、一般记忆容量、一般流畅性、一般视知觉、一般加工速度、一般听知觉；最低水平层由许多特殊的因素构成。

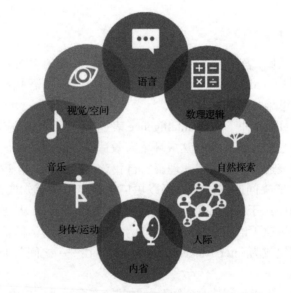

图 1.1 人类智能的八个方面

3. 如何理解智能和智能科学

智能是人类和部分生物体神经系统特有的一种能力，这种能力使得生物个体在进化选择和生存竞争中，能够实现感知环境，并进行判断、预测和行为决策，以及开展群体合作等功能，从而在生存竞争中取得优势。智能是一种动态过程，不仅需要逐步进化的神经系统作为其依存的基本生理结构，还需要与环境和其他生命体进行对抗或合作,在动态环境中通过学习、交流等手段不断拓展和提升。在人工智能出现以后,智能的范畴从生物智能向人造物智能方向扩展。

从狭义上讲,通常描述中提到的智能指的是生物智能或者人类智能。从广义上讲,特别是随着人工智能的发展,智能的范围不仅局限于人类智能和生物智能,同时也将包括人工智能和机器智能等新形式的智能。

智能科学、脑科学、认知科学、控制科学、计算机科学、人工智能相互之间有着紧密联系。在学术研究上,智能科学研究智能的本质和实现技术,是由脑科学、认知科学、控制科学及人工智能等综合形成的交叉学科。脑科学从分子水平、细胞水平、行为水平研究自然智能机理,建立脑模型,揭示人脑的本质;认知科学是研究人类感知、学习、记忆、思维、意识等人脑心智活动过程的科学;控制科学是研究机器、生命社会中控制和通信的一般规律的科学,是研究动态系统在变化环境条件下如何保持平衡状态或稳定状态的科学;人工智能模仿、延伸和扩展人的智能,实现机器智能、群体智能和人机混合智能。智能科学是用科学的方法和手段来研究智能及其应用过程的一门学科[6]。

博弈对抗一直是经济学和社会学的主要研究议题,在智能科学中也有着广泛的研究。人类社会中的博弈对抗往往可以看成人类高水平智能之间的博弈对抗。这也和我们通常的认识是一致的。人们在解决博弈对抗问题时,常常需要综合运用逻辑、理解、意识、学习、推理、规划、解决问题的这些智能方面的能力,有时自我意识和创造性也发挥着重要作用。

1.1.2 人工智能

1. 人工智能主流学派

经过六十余年的发展,人工智能三起两落,形成了多个学派,可以归纳出三个主流学派。

(1)符号主义学派(逻辑主义、心理学派、计算机学派),认为人工智能源于数理逻辑,用机器的符号操作来模拟人的认知过程,强调功能模拟和符号推演。从启发式算法到专家系统,再到知识工程,符号主义学派曾长期一枝独秀,从宏观上模拟人的思维过程。

(2)连接主义学派(仿生学派或生理学派),认为人工智能源于仿生学,特别是对人脑模型的研究,人的思维基元是神经元,而不是符号处理过程,连接主义的思路主要是进行结构模拟、神经计算。连接主义学派试图探索认知过程的微观结构。

(3)行为主义学派(进化主义、控制论学派),认为人工智能源于控制论,智能取决于感知和行动,在"感知-动作"模式中,人工智能可以像人类智能一样进化。智能行为只能通过现实世界与周围环境的交互作用表现出来。

2. 人工智能定义的四种角度

对于人工智能存在的一些定义,可以通过两个维度进行归纳:思考/行动,类人/理性。其中理性是指在思考和行动过程中以理想的性能评价为支持。从历史上看,这四类定义均由不同的研究人员通过不同的方式进行描述。以人为中心的定义主要源于实验科学,涉及对人的行为的观察和假设;理性主义定义主要综合数学和工程学。不同观点的研究人员互相争论又互相促进。

(1)类人思考的观点认为人工智能是"新的令人激动的努力,要使计算机能够思考……从字面上完整的意思就是:有头脑的机器"[7]、"使与人类思维相关的活动自动化,如决策、问题求解、学习等活动"[8]。

(2)类人行动的观点认为人工智能是"一种技艺,创造机器来执行人需要智能才能完成的功能"[9]、"研究如何让计算机能够做到那些目前人比计算机做得更好的事情"[10]。

(3)理性思考的观点认为人工智能是"通过对计算模型的使用来进行心智能力的研究"[11]、"对使得知觉、推理和行动成为可能的计算的研究"[12]。

(4)理性行动的观点认为人工智能是"一门通过计算过程力图理解和模仿智能行为的学科"[13]、"计算机科学中与智能行为的自动化有关的一个分支"[10]。

可以看出,强调思考的观点注重于大脑内部发生的事;强调行动的观点注重于环境,关注感知和行动,其概念范围更大;强调类人的观点注重于模仿人的思维和行动过程;强调理性的观点注重于理想的性能评价。

3. 如何理解人工智能

人工智能包括弱人工智能和强人工智能。弱人工智能是指能够使机器在特定任务中达到或者超越人的智能;强人工智能是指机器能够全面满足在任意任务中原本需要的人的能力。当前科学界的研究集中于弱人工智能。

关于人工智能的定义有很多。斯坦福大学尼尔森教授对人工智能的定义为[14]:广义地讲,人工智能是关于人造物的智能行为,而智能行为包括知觉、推理、学习、交流和在复杂环境中的行为。人工智能具有科学和工程双重目标，人工智能的一个长期目标是发明出可以像人类一样或能更好地完成以上行为的机器；另一个目标是理解这种智能行为是否存在于机器、人类或其他动物中。加利福尼亚大学斯图尔特·罗素(Stuart Russell)教授对人工智能的定义为[15]：人工智能是采用计算机、机器人等现代人造工具，对生物智能进行延伸或者替代的各种尝试，由此形成的理念、理论、技术和体系的统称。

1.1.3　机器智能

1. 对机器智能的理解

相对于人工智能，人们较少使用机器智能一词。维基百科上对机器智能的定义包括两个方面：人工智能和机器学习。前者指让机器模仿实现人类的智能；后者看中机器自身的主动学习能力[16]。

2019 年英国 *Nature* 杂志的子刊 *Nature Machine Intelligence* 正式上线，用于发表机器学习、机器人技术和人工智能领域的高质量原创研究论文和评论文章。目前普遍认为机器学习是体现机器智能的主要方面。例如，阿里巴巴集团技术委员会主席王坚提出：只要创造出关于动物和人的智能，都可以叫作人工智能。但人与动物不具备的智能，如果机器具备了，那就是机器智能[17,18]。美国斯坦福大学人工智能与伦理学教授杰瑞·卡普兰(Jerry Kaplan)认为：机器智能不应该是让机器变得像人一样有智慧，应该是新一代的自动化；它不是来取代人，而是来辅助人的；现在就有很多工作岗位不能靠自动化来取代，而是让我们工作变得更加高效，同时也会创造出新的工作岗位[18]。从这个视角来看，可以认为机器智能是机器自动化的延伸。北京大数据研究院院长鄂维南也认为：机器智能的核心是研究会学习的机器，它将会把我们带入智能化社会，就像当年造出了会劳动的机器把我们带入了工业化社会一样。

2. 机器智能的内涵与外延

从广义上讲，机器模拟人类的行为、思考方式，通过摄像头、话筒等传感器接收外界数据，与存储器的数据进行对比、识别，从而判断、分析，以便控制机械的行为，就表现为机器智能。这里的"机器"主要指计算机、自动化装置、通信设备等。

智能机器人和智能制造是机器智能的核心体现。机器人是人工智能技术与载体和任务的结合体，可以分为以计算机和网络空间为主的软件机器人，具有感知、思考和移动能力的智能机器人，具有感知、分析、推理、决策、控制和制造功能或加入了智能算法的智能化装备或设备。图 1.2 给出了几种典型机器人的例子。

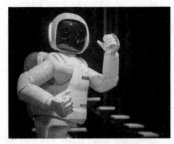

(a) 日本本田ASIMO机器人

(b) 波士顿动力公司"小狗"机器人

(c) 自动驾驶汽车

(d) KUKA工业机器人

图 1.2 机器人例子

机器智能主要是依靠机器(而非人)这一载体实现一些智能行为。机器智能也分为若干层次,如最简单的应激反射算法,到较为基础的控制模式生成算法,再到复杂神经网络和深度学习算法,机器智能也有智能高低之分。因此,也可以认为机器智能是囊括人工智能技术、虚拟现实技术、增强现实技术、物联网技术等方面的大集合。

1.1.4 人机混合智能

1. 人机混合智能的内涵

与机器相比,人脑能够整合理解复杂环境中的多重信息并快速作出决策,同时对外界环境变化有很强的适应性。而机器在数值计算、快速检索、海量存储等方面具有明显优势。人机混合智能可以从两个方面理解:人类智能(行为或决策)与人工智能的交互或整合;用智能设备和人体进行集成,形成一个人机合一的超级实体。

人与机器的关系在不同领域有着不同的定义。美国国防部在定义武器系统"自主"的概念时，根据在整个自主系统中人的参与程度，将人和武器系统的关系分为三种(图 1.3)，即人在回路中、人在回路上、人在回路外[19]。其中，人在回路中的系统也可以看成半自主系统，是指武器系统只能根据人类操作员选定的目标进行攻击。每个任务完成后，机器会停止并等待人工批准，然后继续运行。假设人类操作员能够监控环境和机器的行动，一旦确认机器的性能是充分的，并与操作任务要求相一致，就给机器"放行"。人在回路上的系统也可以看成监督自主系统，是指机器在人的监督下执行任务并将继续执行该任务，直到人干预停止其操作。例如，在武器系统出现故障时，人需要干预停止其操作，以避免发生无法接受的故障。人在回路外的系统也可以看成完全自主系统，是指机器在没有人的帮助下执行任务，人既没有监督操作也无法在系统出现故障时进行干预。

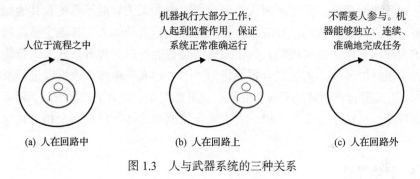

图 1.3　人与武器系统的三种关系

2. 人机混合智能的两个研究角度

根据人和机器在混合系统之间的关系定位，可以从两个研究角度对人机混合智能进行分析。

人机混合智能的一种研究角度以人工智能为核心，人作为人工智能的一种补充。在此意义上，人机混合智能就等于人工智能(机器智能)+人类智能的组合，由于目前人工智能在认知能力上尚与人自身的能力存在差距，人机混合智能主要是利用人工智能的大规模信息处理能力与人的认知能力进行结合，以弥补人工智能在认知能力方面的不足，因此，人机混合智能与认知人工智能之间的关系就是对认知智能暂时性或部分性的替代。人机混合智能从这个意义上来说，是因为人工智能尚不足以取代人的智能能力，是一种发展中间阶段的人工智能；人机混合智能与群体智能的关系更加微妙：由于人机混合本身就涉及智能体的合作，也可以将人机混合智能理解为群体智能的一种特殊形式，特别是当人机混合智能是由许多人和不同的人工智能体进行高度合作而形成时。

人机混合智能的另一种研究角度是以人为中心的，将不同的智能设备集成或移植到人身上，大幅拓展人的能力（包括总体智能水平），将人变成"超人"，是人机混合智能发展的核心目的。从这个意义上，人机混合智能就不再属于人工智能的范畴，而人工智能只是人机混合智能体系中的部分手段和方式。人机混合智能与认知人工智能的关系在这个意义下比较难界定，两者既有本质区别又有密切联系：由于人的认知能力属于自然智能的范畴，而认知人工智能通常是指人工智能中模拟人的认知决策能力的分支，人机混合智能的认知部分主要是由人自身完成的，仅管人机混合智能可以脱离人工智能中的认知智能而存在，但是高级人机混合智能中的人工智能子系统和其他智能设备可以大大提升人的认知决策潜能；另外，毕竟认知人工智能主要是通过模仿人的认知能力而实现的，所以人机混合智能可以为提升认知人工智能水平提供很好的环境。人机混合智能作为一个"超人"单体，也可以进行群体协作，组成混合智能体的群体，由此形成更加复杂、能力更加强大的"超级"群体智能，从这个意义上来说，人机混合智能与群体智能是两个相对独立的概念。

1.1.5 群体智能

1. 自然界中的群体智能

群体智能广泛存在于狼群围猎、鸟群迁徙等生物群体活动和群策群力、头脑风暴等人类社会活动中。群体通过合作与竞争等激发模式，聚合简单个体行为形成复杂群体活动，汇聚规模化个体能力形成群体合力，完成单纯依靠数量叠加无法胜任的复杂任务。

自然界的群体智能现象较多，如蚁群、蜂群、鱼群、鸟群、狼群等。以蚁群为例，一只蚂蚁看起来弱不禁风、力量微薄，但它们一旦组成了群体，凭借一些简单的规则，就能巧妙地寻觅食物、搭建堪称建筑学上奇观的巢穴，在生物圈中顽强地生存。人们把群居昆虫的这种集群行为称为"群体智能"，或"集群智能"、"群智能"。

　　蚁群的高效行为来源于蚂蚁个体遵循两条基本规则形成的群体活动,这
两条基本规则就是:释放信息素,跟踪其他蚂蚁留下的痕迹。从其觅食行为
看,蚁群总是能够找到通往食物源的最佳路线。蚂蚁会释放一种称为信息素
的化学物质,用它来吸引其他蚂蚁。例如,两只蚂蚁同时离巢走不同的路线
到达食物源,它们都用信息素留下了踪迹。那只走较短路线的蚂蚁先回到蚁
巢,这时另外一只蚂蚁正准备回巢,因为第一只蚂蚁在走过的路线上来回都
留下了信息素,所以它留下的信息素是第二只蚂蚁留下的两倍,同巢的蚂
蚁将被吸引到那条较短的路线,这是因为其信息素浓度比较高。随着越来
越多的蚂蚁走这条路线,这条路线的吸引力也就越来越大。蚁群觅食路径的
探索过程如图 1.4 所示。

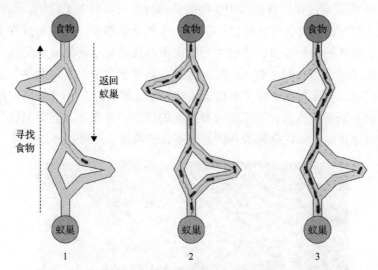

图 1.4　蚁群觅食路径的探索过程

　　从以上蚂蚁的群体行为分析,可以看出:①虽然群体中个体行为简单、
能力非常有限,但一起协同工作时,却能涌现出非常复杂的集体智能特征,
如表现出协调一致的运动行为、互相协同抵御外部威胁、互相协作采集食物、
建造结构复杂而巧妙的巢穴等;②生物群体涌现出来的这种复杂群体行为能
力往往远超个体能力的简单叠加。个体感知环境,产生响应行为作用于环境,
致使环境更新;新的环境又进一步影响其他个体的行为,如此循环,最终形
成一种以环境为媒介的激励与响应、交互与反馈机制,推动环境不断演化,
导致群体行为不断涌现[20]。

2. 群体智能的研究范畴

从学科上看，生物学、神经科学、人工智能、机器人、控制科学、社会学、运筹学等学科都在研究群体智能。根据不同的群体对象，群体智能可以分为生物群体智能、机器群体智能和人机混合群体智能。

(1)生物群体智能的研究中主要存在两个概念：群体智能(swarm intelligence, SI)和集体智能(collective intelligence, CI)[21]。SI 是基于群体分布式合作行为的仿生计算方法的统称，这些群体包括蚁群、鸟群、鱼群等。这些群居昆虫的团队合作在很大程度上是自我组织的结果，主要通过群居成员之间个体的互动进行协调。例如，蚁群在搭桥越障中表现出了典型的群体智能(图 1.5)。因此，SI 领域通过模拟自然界中生物的群体行为来实现人工智能，如蚁群算法、粒子群算法等智能优化算法。CI 是一个社会学概念，是指通过许多个体的合作、集体努力和竞争，表现为一致决策的群体共享智能或者集体智能。这个概念描述了当人们一起工作时，通过互动甚至竞争，实现共享信息和共同解决问题，会比单独个体更有机会找到答案或解决方案。CI 的研究思路是群体可以不断摒弃或抛弃不正确或有偏差的想法，并在正确答案上找到共识以实现群体智能，如以众包为基础的维基百科编撰、开源软件开发等。

图 1.5　蚁群搭桥越障

(2)基于生物群体智能的灵感，机器群体智能主要关注如何设计"简单的"局部规则实现分布式机器人的群体合作。如果群体的规模较小(如个体数量<10)，有时也会被称为多机器人系统。机器群体智能的一个关键要素是自

组织，即个体之间以及系统组件和环境之间通过局部非线性交互产生的宏观层面行为。自组织产生于四个基本要素的组合：正反馈、负反馈、随机性和多重交互。借鉴生物群体的良好性能，常常要求设计出的机器群体智能满足鲁棒性（例如，当损失了几个或者更多个体时，群体剩余部分仍然能够完成任务）、可扩展性（例如，群体性能不因规模大小受到较大影响）、灵活性（例如，能够很好地应对各种不同的环境和任务）。例如，当前研究中典型的无人机集群行为包括集结、区域覆盖、编队、散开、导航、任务分配、避障、搜索等。典型无人机集群的飞行行为如图 1.6 所示。

图 1.6　典型无人机集群的飞行行为

（3）人机混合群体的出现主要源于计算机和网络技术的快速发展。越来越多、各种各样的软件（如各种数字设备的软件和应用等）及硬件（如配有传感器的手持设备和无人机等）通过未来的物联网分布和服务于人类的生产和生活当中。这种人机混合群体称为人机物融合系统（cyber-physical human system，CPHS），是指人、计算单元和物理对象在网络环境中高度集成交互的新型智能复杂系统[22]。传统的电网、交通系统、工控系统等，逐渐演变为如智能电网、智能交通网络、工业控制网络等新型的人机物融合系统。一个典型的人机混合群体智能应用场景是灾难救援，例如，在重大灾难（如 2010 年的海地大地震和 2013 年的“海燕”台风）刚刚发生后，由大量人和智能体（如计算机软件或无人机等）构成的系统对环境进行分析理解和进一步执行侦察监视任务[23]。2017 年，美国陆军研究实验室网络科学部的负责人 Alexander Kott 提出了“战争物联网”，用于描述未来由多个作战人员和多个人工智能体构成作战团队[24]，如图 1.7 所示。

图 1.7　"战争物联网"概念图

1.1.6　智能相关概念之间的关系

广义上的智能概念涵盖了人工智能、机器智能、混合智能、群体智能。狭义上的智能概念特指生物智能，是人工智能的理论基础之一，与机器智能的概念相并列，同时也与混合智能、群体智能的概念交叉。

从行动角度定义的人工智能概念，涵盖了机器智能、混合智能，并与群体智能概念交叉。从思考角度定义的人工智能概念范围则狭小得多，与其他概念均存在交叉关系，甚至被包含关系。

机器智能是智能机器所具备的最主要的能力。机器智能的实现方法包括很多物质(如机器人技术)和非物质的手段(如算法)，如模仿学习、强化学习、自适应控制、自主导航等。因此，从思考角度定义的人工智能，可以看成机器智能的非物质手段之一。机器智能的概念与混合智能、群体智能并不排斥，可以作为这二者概念的一部分参与其中。

人工智能和人机混合智能的联系主要体现在理论和方法上。相对于人工智能，机器智能和人机混合智能的联系更多地体现在工程实现上。

群体智能可以分为生物群体智能、机器群体智能和人机混合群体智能三类。从生物学的角度考虑，群体智能关注如何突破个体认知能力的限制来实现群体才能完成的认知。从人工智能的角度考虑，群体智能关注自主机器人或者软件智能集群通过局部规则实现协调一致的群体行为或行动。与人工智能的角度相比，从机器智能的角度考虑，群体智能更关注设计智能机器群体并将群体智能加载于其中。

人机混合智能和群体智能可以看成人工智能/机器智能中的两个研究领域，二者共同研究的课题包括：如何以灵活和自适应的方式完成人监督控制机器人群体；大量人类和机器构成的群体如何分配决策、如何协同工作等。

1.1.7　博弈对抗

博弈是指在一定的规则条件下，一个或几个拥有理性思维的人或团队，从各自允许选择的行为或策略中进行选择并加以实施，然后从中取得各自相应结果或收益的过程。对抗是指，双方存在对立关系相持不下的过程。从心理学角度，对抗关系更多是社会心理失衡和冲突的表现。从生物学角度，对抗关系更多是生存条件受到威胁所致。从法律学角度，对抗关系更多是个体权益的冲突。因此，博弈对抗可以看成以对抗关系为主的博弈，在以冲突为主的背景下，博弈方选择行为或策略加以实施，并从中取得各自相应结果或收益。博弈与对抗是人类演化进程中的重要交互活动，是人类智能和人类思维方式的重要体现。这种交互活动广泛存在于人与自然之间、人与人之间、人与机器之间。

人类自诞生以来，就在不停地与自然对抗。"人定胜天"，就是与自然抗争的思想。农业革命、工业革命、科技革命代表人类逐渐在与自然的"博弈对抗"中取得"阶段性胜利"的过程。然而，随之而来的生态环境破坏让人类意识到肆意剥夺自然资源从长远看对人类自己也不会有什么好处，需要与自然和谐共处。

人与人之间的博弈对抗在社会生活中时时发生。时下流行的"内卷"一词就是指当前社会人们在博弈中合作共赢的比重在降低，而对抗内耗的比重在增加。如何赢得博弈对抗、如何摆脱对抗过多的"内卷"困境也是社会学和经济学等领域学者致力于解决的问题，其中前者追求得到最优策略，后者期待通过机制设计激励人们更好地为社会做贡献。另外，军事冲突与战争体现了上升到国家层面的人与人之间的博弈对抗。《孙子兵法》是世界上最早的兵法著作，深刻总结了春秋时期各国交战的丰富经验，集中概括了战略战术的一般规律。《三十六计》是根据我国历代卓越的军事思想，特别是丰富多彩的军事经验总结而成的兵书战策，是对我国古代兵家计谋的理论概括和军事谋略提纲挈领式的汇集。这些经典的博弈对抗思想至今仍然影响深远。

人与机器的对抗开始于人工智能和计算机的诞生。机器先后在不同类型的游戏中击败人类玩家——从早期的西洋双陆棋、国际象棋，到近几年面向围棋、德州扑克、斗地主、麻将等回合制棋牌游戏以及《星际争霸》、《刀塔 2》、

《王者荣耀》等即时策略游戏。无论如何，当前机器还是处于被人类全面控制的时代。然而，随着机器变得越来越强大，未来某一天就可能会诞生不仅具有感知能力、思考能力、交流能力，还能够自主学习与发明创造，甚至具有情感意识的机器。于是，人们开始担心未来社会中人与机器可能爆发冲突，这也将成为新的博弈对抗形式。

总之，虽然坚持和平发展、合作共赢是实现人类社会共同福祉的基本路径和美好愿景，但是现实中的局部冲突对抗仍将长期存在于这种大背景之下。在历史长河中，生存与发展的挑战不断，面对挑战，人类不断思考和解决各种博弈对抗问题，总是能够化解危局、不断进步，并且期待着未来能够实现人与机器、人与自然和谐共处。

1.2　人机对抗的兴起与发展

自从计算机问世以来，科学家希望让计算机能够像人一样思考和决策，能够下棋、打牌、玩游戏，人机对抗在一定程度上被认为是检验人工智能发展水平的评价标准，同时也是研究人类思维和实现机器思维最好的实验载体。DeepMind 公司创始人 Demis Hassabis 说过"游戏是测试人工智能算法的完美平台"[25]。

1.2.1　棋牌类游戏人机对抗

人工智能的研究最早是从棋牌类人工智能开始的，一定程度上是由于这些游戏很容易在计算机上实现而且还被认为人类也需要智能才能玩好这些游戏。大部分棋牌类游戏都可以用非常简单的离散状态空间和确定性的状态转移模型表示。树搜索算法非常适用于求解棋牌类的游戏，而且大部分成功的棋牌类游戏人工智能程序都是采用了某种形式的树搜索算法(详见第 2 章)。棋牌类游戏的人工智能发展历史如图 1.8 所示。

1. 西洋跳棋

国际商业机器公司(International Business Machines Corporation, IBM)的工程师阿瑟·塞缪尔(Arthur Samuel)自 1949 年就开始思考如何让机器学习玩西洋跳棋。西洋跳棋有 10^{20} 种可能的棋盘布局，比国际象棋(10^{43})或围棋(10^{250})要简单很多，但是在当时看来仍然足够复杂。塞缪尔利用他在 IBM 的

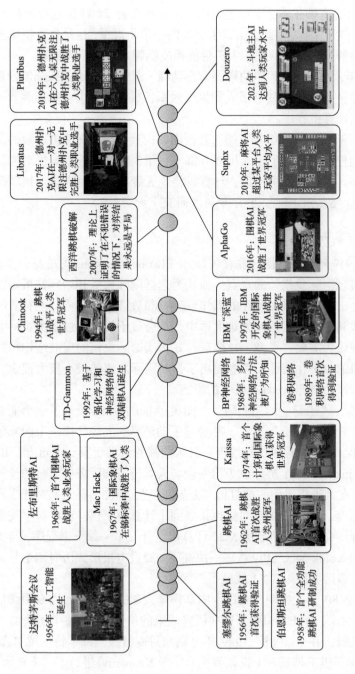

图1.8　棋牌类游戏人工智能发展历史

第一台商用计算机(IBM 701)开发了第一个在计算机上运行的西洋跳棋程序，并且可以击败塞缪尔本人，该程序于 1956 年 2 月 24 日在电视上向公众进行了展示，并于 1962 年首次击败了美国的一个州冠军，这是计算机博弈历程中一个重要的里程碑。从此，人工智能挑战棋牌的号角正式吹响。

1994 年，加拿大的阿尔伯塔大学乔纳森·谢弗(Jonathan Schaffer)教授团队的跳棋程序 Chinook 战胜了人类世界冠军，成为第一个在复杂游戏中完全战胜人类的计算机程序。

经过多年努力，2007 年，谢弗教授团队构建了一个无法被击败的西洋跳棋人工智能程序，证明了在人机双方都不犯错误的情况下，人机对弈的结果永远是平局，如果人犯了错误，计算机将毫无疑问地战胜人类。这项研究成果成功入选 "*Science* 杂志 2007 年科学研究十大突破"。

2. 国际象棋

早在 1949 年，克劳德·香农(Claude Elwood Shannon)就发表了关于 "可以让计算机玩国际象棋" 的观点。他认为选择国际象棋开始研究机器智能的原因包括：①国际象棋在允许的操作(走法)和最终目标(将军)上有着明确的定义；②找到令人满意的解的难度适中，不会过于简单或过于困难；③国际象棋一般被认为需要 "思考" 才能玩得好；④国际象棋的离散结构很好地适应了计算机的数字化特性。香农提出了针对国际象棋的极小极大搜索方法，该方法对未来的博弈 AI 具有巨大的影响。

1953 年，人工智能的先驱阿兰·图灵(Alan Turing)设计了一个能够下国际象棋的 "TurboChamp" 算法，并经过手动演算，实现了第一个国际象棋的程序化博弈，但这个程序执行缓慢并且未能战胜人类玩家。1958 年，IBM 推出取名 "Think" 的 IBM 704，成为第一台与人类进行国际象棋对抗的计算机。虽然 Think 在人类棋手面前被打得 "丢盔卸甲"，但许多科学家对此表示欢欣鼓舞。1966 年，冷战中美苏对抗也扩展到了计算机下棋。苏联科学院的理论与实践物理研究所在其研制的 M20 计算机上开发了一款下棋程序，与美国斯坦福大学的 Kotok-McCarthy 程序一决高下。通过电报形式历时四个月进行了四局比赛，最后苏联以 3∶1 战胜了美国。

20 世纪 80 年代中期，美国卡内基梅隆大学的团队开始用专用硬件实现下棋机器。后来，IBM 意识到了这些研究成果的价值，劝说整个团队加入 IBM 开发下棋机器，并于 1988～1989 年分别与丹麦特级大师本特·拉尔森(Bent Larsen)、世界棋王加里·卡斯帕罗夫(Garry Kasparov)进行了 "人机大战"。

1997 年，IBM "深蓝"（图 1.9）终于战胜了世界棋王卡斯帕罗夫，这件事成为当时人工智能领域的标志性事件。在随后的几年，计算机与卡斯帕罗夫等世界顶级棋手进行了一系列比赛，计算机逐渐负少胜多，表现得越来越 "聪明"。

图 1.9 "深蓝"背后的超级计算机

3. 西洋双陆棋

西洋双陆棋（backgammon）是一个有着五千年历史的古老游戏，如图 1.10 所示。对弈双方各有 15 个棋子，每次靠掷两个骰子决定移动棋子的步数，最先把棋子全部转移到对方区域者获胜。西洋双陆棋的分支因子巨大，和围棋类似，因此传统树搜索和人工设计评价函数的方法效果并不好。

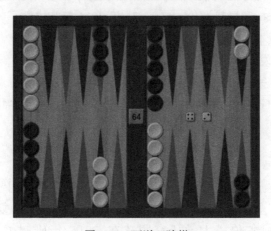

图 1.10 西洋双陆棋

　　1992 年，IBM 的研究员 Gerald Tesauro 开发了一种结合 TD(λ)强化学习和神经网络的算法，给它取名 TD-Gammon，专攻西洋双陆棋。与用特定类型的输入和输出来近似某些函数的监督学习不同，强化学习是在不同的情况下寻找最佳选择。从 20 世纪 90 年代起，TD-Gammon 经过上百万盘的学习训练，达到世界水平。Tesauro 之后有许多研究者试图把类似 TD-Gammon 的算法用到象棋、围棋和其他游戏上，但是效果并不显著。主流的看法是，因为西洋双陆棋每个回合都要掷骰子，游戏有较大的随机性，恰好和 TD-Gammon 的算法合拍。西洋双陆棋的成功是个特例。

　　4. 围棋

　　围棋的状态复杂度和博弈树复杂度远远超过了其他几种棋类，因此其一度被视为人类在棋类人机对抗中最后的堡垒。

　　中国曾在围棋人工智能历史上垄断世界第一的位置多年。第一代围棋人工智能的开拓者中山大学化学系教授陈志行研发的"手谈"围棋程序，从 1993 年到 2002 年共获得 10 次计算机围棋世界冠军。陈志行使用运行速度快但不太常用的汇编程序语言搭建围棋框架和编写围棋对弈引擎，潜心编写的"Alpha-Beta 搜索引擎"速度非常快。在 2003 年以前，"手谈"和开源软件 GNU Go 两个程序在 9×9 的围棋中达到人类 5～7 级水平。

　　这种趋势在 2006 年开始改变。蒙特卡罗树搜索算法的提出极大地提升了计算机围棋的水平。在蒙特卡罗树搜索的基础上，DeepMind 公司开发的 AlphaGo 利用深度学习算法对围棋领域知识进行学习，使用策略网络和估值网络实现招法选择和局势评价。AlphaGo 于 2016 年初击败了韩国九段棋手李世石；其升级版本 Master 于 2017 年 60 连胜人类顶级高手。2017 年 10 月，DeepMind 团队发布了最强版 AlphaGo，代号 AlphaGoZero，"自学"仅仅 3 天就以 100 比 0 完胜了此前击败世界冠军李世石的 AlphaGo 版本。自我对弈 40 天后，AlphaGoZero 变得更为强大，超过了此前击败当今世界围棋第一人柯洁的 Master 版本 AlphaGo。

　　5. 德州扑克

　　不同于棋类游戏，扑克类游戏往往是不完美信息博弈问题，对局各方要在牌面信息不完全公开的情况下进行决策，理解和实现更为复杂。

　　加拿大的阿尔伯塔大学研究团队在 2016 年研制了程序"深筹"

（DeepStack），在一对一有限注德州扑克中完胜人类职业选手。2017 年，美国卡内基梅隆大学的 Tuomas Sandholm 教授与其博士生 Noam Brown 共同开发的德州扑克 AI "冷扑大师"（Libratus）在一对一有限注德州扑克中完胜人类职业选手。2019 年，Libratus 团队设计的德州扑克 AI Pluribus 在六人桌多人德州扑克中战胜了人类职业选手，比赛场景如图 1.11 所示。Tuomas Sandholm 被誉为"德州扑克 AI 之父"，并获得了国际人工智能联合会议 IJCAI-21 颁发的"约翰·麦卡锡奖"。

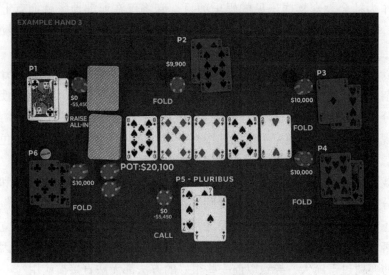

图 1.11　Pluribus 在德州扑克比赛现场

DeepStack 算法利用深度神经网络学习快速估计模型，模拟人类选手的"直觉"估计器，能够快速向前搜索特定步数的博弈策略。在一对一无限注德州扑克中，DeepStack 成为第 1 个击败职业选手的德州扑克 AI 程序。

Libratus 的决策过程主要包括游戏约简策略求解、子博弈求解、自我提升三个步骤，通过综合运用强化学习、蒙特卡罗虚拟遗憾最小化（counterfactual regret minimization, CFR）等多种算法，其能以更快的速度同时在赛前和赛中学习某一手牌的战略及人类的对策。

上述两种算法采用的策略都是通过约简采样和学习搜索去逼近一个近似的纳什均衡，保证 AI 程序尽量少犯错，这种策略对于一对一无限注德州扑克博弈问题可以得到一个较好的解决方案。

Pluribus 主要突破点在于：系统并不打算找到纳什均衡策略，而是试图找到一种能够经常打败人类选手的策略。通过对蒙特卡罗虚拟遗憾值最小化算法进行调整，使机器可以出现诈唬、反诈唬等动作，而不是一味地保持保守的打法，这在德州扑克游戏中很重要。通过打法的调整，对手无法预测你的手牌，从而不能做出相应的判断。同时，Pluribus 能够训练出强大的诈唬和反诈唬能力。

6. 麻将

作为社会大众喜闻乐见的娱乐项目，麻将仅在亚洲地区就拥有上亿名玩家。极高的普及度使得很多人都认为麻将是一项十分容易的棋牌类游戏。实际上，麻将虽然入门容易，若要精通却十分困难。

以麻将为代表的不完美信息多智能体对抗博弈面临着若干挑战：计分规则复杂，某一局的输赢并不能直接代表打法的好坏，所以并不能直接使用每局得分作为强化学习的奖励反馈信号。其次，计分规则复杂。每一轮游戏的计分规则都需要根据赢家手里的牌型来计算得分，牌型众多，如清一色、混一色、门清等，不同牌型的得分会相差很大。这样的计分规则比象棋、围棋等游戏要复杂得多。麻将高手需要谨慎地选择牌型，以在和牌的概率和和牌的得分上进行平衡。另外，麻将规则复杂，需要考虑多种决策类型。例如，除了正常的摸牌、打牌之外，还要经常决定是否吃牌、碰牌、杠牌、立直以及是否和牌。任意一位玩家的吃碰杠以及和牌都会改变摸牌的顺序，因此麻将的博弈树过于庞大，导致以前一些很好的方法都无法直接被应用。

2019 年 8 月，微软在世界人工智能大会上正式宣布由微软亚洲研究院基于深度强化学习技术研发的麻将 AI 系统 Suphx (图 1.12)，成为首个在国际知名专业麻将平台"天凤"上荣升十段的 AI 系统，其实力超越该平台公开房间顶级人类选手的平均水平。Suphx 的打牌策略包含 5 个基于深度神经网络的训练模型以应对麻将复杂的决策类型——丢牌模型、立直模型、吃牌模型、碰牌模型以及杠牌模型。另外，Suphx 还有一个基于规则的赢牌模型可以决定在赢牌的时候要不要赢牌。

2021 年 6 月，科技公司"快手" AI 平台部的研究者发表论文介绍了他们在斗地主游戏中取得的突破，几天内就战胜了所有已知的斗地主打牌机器人，并达到了人类玩家水平。他们的方法不借助任何人类知识，通过自我博弈学习。

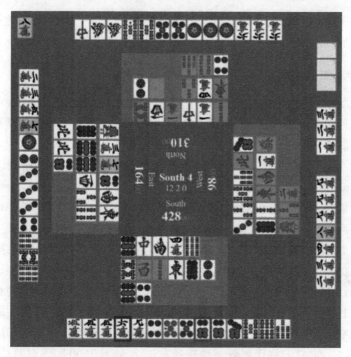

图 1.12 Suphx 在麻将比赛现场

1.2.2 电子竞技中的 AI 玩家

电子竞技是以电子竞技游戏为基础，利用电子设备作为运动器械进行的、人与人之间的智力和体力结合的竞技比拼，包括传统的街机游戏、即时策略游戏、第一人称射击(first-person shooting, FPS)游戏等。2018 年雅加达亚运会将电子竞技纳为表演项目。2020 年 12 月 16 日，亚奥理事会宣布电子竞技项目成为亚运会正式比赛项目，并参与 2022 年杭州亚运会。

人工智能在游戏中扮演的角色可以分为两类：非玩家角色(non-player character, NPC)和人类玩家角色。NPC 指的是游戏中不受真人玩家操纵的游戏角色，他们由计算机的人工智能控制并拥有自身行为模式。当前的视频类游戏中都包含各种各样的 NPC，而且对很多游戏开发者来说，游戏 AI 主要是采用如寻路和决策树之类的技术，设计类似于人类智能的 NPC 的响应行为或自适应行为，要求 NPC 程序能够高效运行并且有时希望这些 NPC 能够在游戏中表现出色。

人工智能扮演人类玩家角色在电子竞技游戏中取得胜利，是当前学术研究领域中关心的问题之一，也是本书关心的重点。在人工智能攻克大多数棋类游戏之后，学术研究者开始逐渐转向挑战视频类电子竞技游戏。

1. 传统街机游戏

街机游戏开始于 20 世纪 70 年代并于 80 年代风靡全球。这些游戏大多在二维空间移动并依靠快速反应来进行，如《俄罗斯方块》、《超级马里奥兄弟》、《吃豆人》等。

2012 年，阿尔伯塔大学研究人员发布了基于 Atari 2600 中游戏的街机学习环境(arcade learning environment, ALE)，作为评价验证的问题与平台，用于人工智能技术特别是机器学习技术的研究。Atari 2600 是雅达利(Atari)公司在 1977 年 10 月发行的一款游戏机，成为电子游戏第二世代的代表主机，可以称得上是现代游戏机的始祖。Atari 2600 包含了 500 款游戏，包括射击游戏、格斗游戏、益智游戏、运动游戏和动作冒险游戏等多种类型。图 1.13 给出了 Atari 2600 的四个游戏界面。虽然 Atari 2600 在视觉效果、控制和总体复杂性方面比不上现代游戏，但是仍然为人类玩家提供了具有挑战性的各种游戏场景。ALE 提供接口与 Atari 2600 进行交互：Atari 2600 将屏幕和内存信息发送给 ALE，而 ALE 将操纵杆运动指令发送给 Atari 2600 实现对游戏的控制。

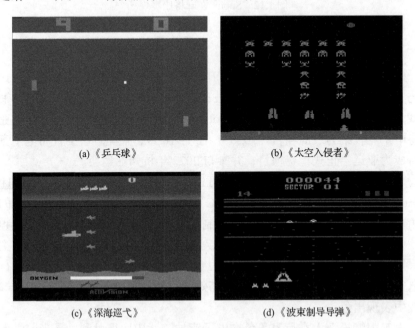

(a)《乒乓球》　　　　　　　　　　　　(b)《太空入侵者》

(c)《深海巡弋》　　　　　　　　　　　　(d)《波束制导导弹》

图 1.13　Atari 2600 中的四个游戏界面

此外，ALE 还提供了一个游戏处理层，通过识别累计分数和游戏是否结束，将每个游戏转化为一个标准的强化学习问题。

DeepMind 公司基于 ALE 开展深度强化学习研究，并于 2014 年达到了人类玩家水平，相关成果在 *Nature* 上发表[26]。这些成果也是后续 DeepMind 公司在围棋领域设计 AlphaGo 的重要基础[27]。

2. 即时策略游戏

即时策略游戏常常需要在信息不完整的条件下进行调兵遣将这种宏观操作，比棋牌类游戏和传统街机游戏都更具挑战，对军事应用中的决策问题研究也更有借鉴意义。继围棋之后，人工智能领域的高科技公司纷纷投入《星际争霸 2》、《刀塔 2》、《王者荣耀》等即时策略游戏的研究。

DeepMind 公司和暴雪娱乐公司在 2017 年 10 月联合推出的基于《星际争霸 2》的学习环境 SC2LE，允许研究者在 Linux 系统中接入游戏应用程序界面（application program interface, API），开展自己的人工智能研究。DeepMind 公司基于 SC2LE 开发了人工智能程序 AlphaStar，该程序超过了 99.8%的人类玩家水平，这项成果于 2019 年 10 月作为封面文章发表在了 *Nature* 上[28]。AlphaStar 应用多智能体学习算法，在有监督条件下进行对战训练，从而模仿高水平玩家的微观操控和宏观战术，使其一开始就击败了 95%的精英计算机玩家。图 1.14 给出了 AlphaStar 的比赛视角与决策流程。AlphaStar 采用的神经网络架构为不完整信息下、长时间序列中的行为建模提供了有价值的参考。2020 年 6 月，我国初创公司——启元世界（北京）科技有限公司自主研发的《星际争霸》AI"星际指挥官"击败了人类职业玩家，已达到人类顶级高手水平。

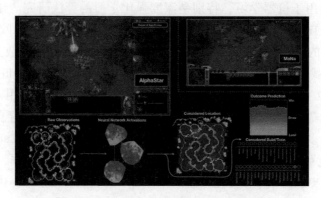

图 1.14　AlphaStar 的比赛视角与决策流程

此外,《刀塔 2》《王者荣耀》等多人在线战术竞技游戏(multiplayer online battle arena, MOBA),也成为人工智能研究的重要平台。MOBA 中的玩家通常被分为两队,两队在分散的游戏地图中互相竞争,每个玩家都通过一个即时策略风格的界面控制所选的角色。与《星际争霸 2》等传统即时策略游戏不同, MOBA 游戏通常不需要对建筑群、资源、士兵等单位进行操作,玩家只需要控制自己的角色。而且, MOBA 对战在两个团队(如每队 5 名玩家)之间展开,玩家需要在竞争中配合协作。2018 年 6 月, OpenAI 发布研究成果宣布在《刀塔 2》5v5 的限定条件下(英雄阵容固定,部分道具和功能禁用)战胜人类半职业选手。2019 年 4 月, OpenAI 以 2:0 的战绩击败了人类最强的战队之———OG 战队。腾讯 AI Lab 与《王者荣耀》团队从 2018 年开始进行联合研究,开发的策略协作型 AI 程序“绝悟”很快达到了《王者荣耀》业余玩家顶尖水平,并在 2019 年 8 月的《王者荣耀》世界冠军杯半决赛上通过了 5v5 赛区联队测试,升为电竞职业水平。在 2021 年 7 月的世界人工智能大会上,“绝悟”与职业选手进行了表演赛,结果表明已经达到了全英雄职业电竞水平。

3. 第一人称射击游戏

FPS 是以玩家的主观视角进行射击游戏。玩家不再像玩即时策略游戏一样操纵屏幕中的虚拟人物来进行游戏,而是身临其境地体验游戏带来的视觉冲击。FPS 节奏很快,强调人或者 AI 的反应能力,并且需要具备在复杂的 3D 环境下的导航能力和寻找目标的能力;在多人场景下,还需要具备团队协作能力。这些都对 AI 技术提出了挑战。

2016 年,基于 FPS 游戏《毁灭战士》(*Doom*)的 ViZDoom 人工智能竞赛诞生,主要用于机器学习,特别是深度强化学习的算法研究。比赛共分为两个挑战:Track 1 为单人闯关模式,考核标准为在最短时间内闯最多的关,不同于以往的死亡竞赛,该部分需要 AI 能同时完成搜索路径、收集装备、躲避陷阱、寻找出口等诸多复杂任务,对 AI 的任务理解和环境认知能力要求极高;Track 2 为随机对战模式,这是 ViZDoom 的传统项目,采用死亡竞赛模式,要求参赛选手在同一个地图里对抗 10min, AI 需要在保存自身实力的同时,尽量多消灭敌人。清华大学的朱军教授团队与腾讯 AI Lab 合作,荣获 2018 年竞赛 Track 1 的预赛和决赛冠军,以及 Track 2 预赛冠军、决赛亚军,成为赛事历史上首个中国区冠军。图 1.15 给出了 ViZDoom 的游戏场景与 AI 分析界面。

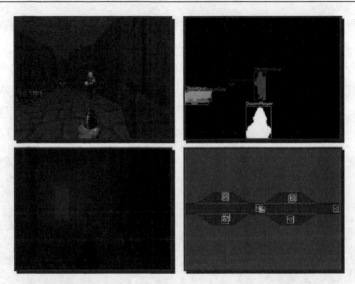

图 1.15　ViZDoom 的游戏场景与 AI 分析界面

2016 年，DeepMind 公司基于《雷神之锤 3 竞技场》(*Quake III Arena*)开发了第一人称 3D 游戏平台。2018 年，DeepMind 公司宣布其 AI 智能体已经能在夺旗模式中达到人类玩家水平，并且展现出了多智能体间的合作能力。该程序未接触到游戏的原始数据资料(显示与敌人距离和血量等的数字信息)，而是模仿人类，通过直接观察屏幕上的信息来学习。该成果发表在 *Science* 上[29]。

1.2.3　无人系统人机对抗

人工智能是无人系统实现自主能力的重要支撑理论与技术。无人系统也一直被看成人工智能技术的理想载体之一。人机对抗从游戏场景逐渐延伸到无人机和机器人等无人系统运行的虚拟场景或真实场景中，包括人机空战、机器人足球赛等。

1. 人机空战

2016 年，美国的辛辛那提大学与空军研究实验室合作开发了一位名为"Alpha AI"的机器飞行员，控制虚拟环境中的无人作战飞机完成飞行和打击等空战任务。在模拟对抗演习中，Alpha AI 击落了所有其他的机器飞行员，并在与美国空军战术专家基纳·李上校的人机空战格斗对抗中大获全胜，展现出了巨大的优势。Alpha AI 的核心技术是遗传模糊树(genetic fuzzy tree,

GFT），是一种结合了遗传算法和模糊控制的智能控制新技术，实现在空中格斗中具有更快的基于态势智能感知的战术计划速度，可以比人类飞行员快约250 倍[30]。而且，Alpha AI 还能以集群方式控制大批无人机，在格斗中快速收集敌机信息。图 1.16 给出了 Alpha AI 控制多架无人机从侧翼攻击对手的战术示意图。此外，即使研究人员故意限制模拟环境中 Alpha AI 所配置的武器系统能力，使其处于劣势，它仍然能够最终击败经验丰富的人类飞行员。

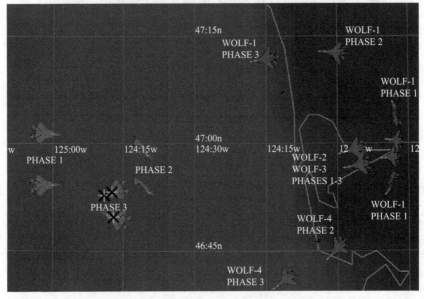

图 1.16　Alpha AI 控制多架无人机[30]

2020 年 8 月，在美国国防部高级研究计划局（DARPA）举办的阿尔法空中格斗竞赛（AlphaDogfight）中，美国苍鹭系统公司（Heron Systems）[31]以 5∶0的战绩击败了美空军 F-16 人类飞行员获得冠军。苍鹭系统公司的 AI 程序采用了深度强化学习、创新的训练算法等技术，能够有效制定长时间周期的战术计划。当然，虽然 AI 算法在虚拟空战环境中实现了与真正的战斗机飞行员面对面交锋并且大获全胜，但这种成功能否延续到未来的实际飞行测试中，还有待观察。图 1.17 给出了苍鹭公司 AI 程序与飞行员对抗的现场与界面。

2. 机器人足球赛

机器人足球赛能够充分表现出现实世界的基本特征，即分散存在的一个

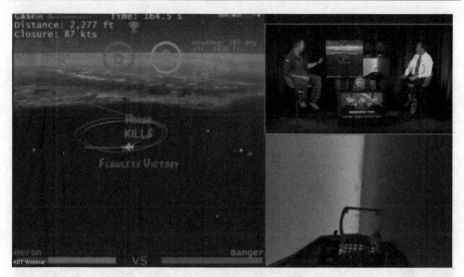

图 1.17　AI 程序与飞行员对抗

群体与另一个群体在动态复杂环境中如何以实时方式进行对抗，而且比赛过程中需要队员之间进行协调、配合与决策。足球机器人以高技术对抗的形式赢得了学术界的认可，研究涉及多个领域，包括机械电子学、机器人学、传感器信息融合、智能控制、通信、计算机视觉、计算机图形学、人工智能等。加拿大的大不列颠哥伦比亚大学教授 Alan Mackworth 在 1992 年提出了国际机器人足球世界杯竞赛 RoboCup，目的是通过机器人足球赛，为人工智能和智能机器人学科的发展提供一个具有标志性和挑战性的课题，为相关领域的研究提供一个动态对抗的标准化环境[32]，RoboCup 比赛现场见图 1.18。

　　RoboCup 的另一个宏伟目标是到 2050 年产生一支由全自主机器人组成的足球队，并击败那时的人类世界冠军队。2021 年 9 月，RoboCup 主席、美国的得克萨斯大学奥斯汀分校的计算机科学教授 Peter Stone 在接受采访时表示：虽然过去二十多年足球机器人的科学研究取得了重要的进步，但是仍然还有很长的路要走。英国的牛津大学人工智能和机器人专家 Sandra Wachter 教授表示：其中的困难在于足球既需要身体技能，也需要心理技能。在足球场上，比赛的策略和阵型容易被遵循，但往往需要非常迅速和自发的调整。虽然进球的机会可以在几秒内出现，但是需要非常迅速的行动才有可能将其抓住。这通常需要团队成员之间的直觉、信任、语言和非语言的交流。在某一时刻，机器人踢足球的能力可能会超过人类，但这是否会发生以及何时会发生还很难说[33]。

图 1.18　RoboCup 比赛现场

参 考 文 献

[1] Sternberg R J. Human intelligence[EB/OL]. https://www.britannica.com/science/human-intelligence-psychology.[2020-12-10].

[2] Intelligence[EB/OL]. https://en.wikipedia.org/wiki/Intelligence.[2020-05-10].

[3] Intelligence[EB/OL]. https://www.etymonline.com/word/intelligence.[2020-05-10].

[4] 荀子. 荀子[M]. 方勇, 李波, 译注. 北京: 中华书局, 2011.

[5] Gardner H. Frames of Mind: The Theory of Multiple Intelligences[M]. New York: Basic Books, 1983.

[6] 史忠植. 智能科学[M]. 3 版. 北京: 清华大学出版社, 2019.

[7] Haugeland J. Artificial Intelligence: The Very Idea[M]. Cambridge: MIT Press, 1985.

[8] Bellman R E. An Introduction to Artificial Intelligence: Can Computers Think?[M]. Boston: Boyd & Fraser Publishing Company, 1978.

[9] Kurzweil R. The Age of Intelligent Machines[M]. Cambridge: MIT Press, 1990.

[10] Rich E, Knight K. Artificial Intelligence[M]. 2nd ed. New York: McGraw-Hill, 1991.

[11] Charniak E, McDermott D. Introduction to Artificial Intelligence[M]. Upper Saddle River: Addison-Wesley, 1985.

[12] Winston P H. Artificial Intelligence[M]. 3rd ed. Upper Saddle River: Addison-Wesley, 1992.

[13] Poole D. Probabilistic horn abduction and Bayesian networks[J]. Artificial Intelligence Journal, 1993, 64: 81-129.

[14] Nilsson N J. Artificial Intelligence: A New Synthesis[M]. San Francisco: Morgan Kaufmann, 1998.

[15] Stuart J R, Peter N. Artificial Intelligence: A Modern Approach[M]. 3rd ed. New York: Pearson, 2010.

[16] Machine intelligence[EB/OL]. https://en.wikipedia.org/wiki/Machine_Intelligence.[2020-05-10].

[17] Chouard T, Venema L. Machine intelligence[J]. Nature, 2015, 521: 435.

[18] 任丽虹. 机器智能: 超越人工智能新时代[EB/OL]. https://www.iyiou.com/analysis/ 201705272746395.[2020-05-10].

[19] Ilachinski A. AI, robots, and swarms: Issues, questions, and recommended studies[R]. Washington: Center for Naval Analysis, 2017.

[20] 陈凌子. 大数据与集群智能分析[J]. 科技园地, 2016, 8: 282.

[21] 李未, 吴文俊, 王怀民, 等. AI 2.0 时代的群体智能[J]. 学术前沿在线, 2017, 18(1): 15-43.

[22] Sowe S K, Simmon E, Zettsu K, et al. Cyber-physical-human systems: Putting people in the loop[J]. IT Professional, 2016, 18(1): 10-13.

[23] Ramchurn S D, Huynh T D, Wu F, et al. A disaster response system based on human-agent collectives[J]. Journal of Artificial Intelligence Research, 2016, 57: 661-708.

[24] Kott A, Ananthram S, Bruce J W. The internet of battle things[J]. Computer, 2016, 49(12): 70-75.

[25] 邱虹坤, 等. 中国人工智能系列白皮书——机器博弈[R]. 北京: 中国人工智能学会, 2016.

[26] Mnih V, Kavukcuoglu K, Silver D, et al. Human-level control through deep reinforcement learning[J]. Nature, 2015, 518: 529-533.

[27] Silver D, Huang A, Maddison C J, et al. Mastering the game of go with deep neural networks and tree search[J]. Nature, 2016, 529(7585): 484-489.

[28] Vinyals O, Babuschkin I, Czarnecki W M, et al. Grandmaster level in StarCraft II using multi-agent reinforcement learning[J]. Nature, 2019, 575: 350-354.

[29] Jaderberg M, Czarnecki W M, Dunning I, et al. Human-level performance in 3D multiplayer games with population-based reinforcement learning[J]. Science, 2019, 364(6443): 859-865.

[30] Ernest N, Carroll D, Schumacher C, et al. Genetic fuzzy based artificial intelligence for unmanned combat aerial vehicle control in simulated air combat missions[J]. Journal of Defense Management, 2016, 6(1): 144.

[31] 苍鹭系统公司官网[EB/OL]. https://heronsystems.com.[2020- 05-10].

[32] RoboCup 官网[EB/OL]. https://www.robocup.org/.[2020-05-10].

[33] Debusmann B J. Can football-playing robots beat the world cup winners by 2050?[EB/OL]. https://www.bbc.com/news/business-58662246.[2020-05-10].

第 2 章   策略搜索与机器博弈

1990 年以前，人工智能研究中占主导地位的是我们现在所说的传统人工智能，或符号化人工智能。机器学习虽然在那时候也是特定研究领域，但是不像今天这样在很多领域取得了惊人的表现，这得益于超级计算机的出现以及现在具备的大量数据集和先进算法。树搜索就是符号化人工智能的典型代表之一，在人工智能发展历程中特别是在求解棋牌类游戏中发挥了重要作用。

2.1   策略搜索技术

在人工智能研究历史的早期，研究人员尝试解决这样一类问题：它们不存在已知求解算法或求解算法计算量很大，然而往往可以被人类运用自身智能较好地解决。典型的问题包括数独、填字游戏、西洋跳棋、国际象棋等。在人工智能发展最初的三四十年，研究者基于状态空间搜索①的思想设计了一系列搜索算法，在求解上述问题中取得了重要进展，成为人工智能基础技术之一。近年，在机器计算能力大幅提升的前提下，先进的搜索方法结合深度学习等技术，实现了在求解围棋等更具挑战性问题中的进一步突破。

2.1.1   状态空间和搜索树的概念

在使用人工智能技术求解问题时，往往需要对领域知识进行抽象表达。搜索方法中对问题抽象表达，通常是将问题领域知识隐含描述成状态空间的形式。状态空间是待求解问题所有可能的状态及其关系的集合，其中一个状态包含所有用于预测行动效果和确定状态是否满足任务目标的相关信息。以《吃豆人》游戏为例，如图 2.1 所示，其世界状态可以看成某个时刻的游戏画面。从世界状态中提取玩家决策（即问题求解）所依赖的信息（包括吃豆人的位置、豆子的分布和怪兽的位置），得到问题状态空间中的状态。

---

① 这里的搜索概念是指智能体内部的一种计算，意味着在抽象表示的状态空间中寻找到达目标的路径。不同于互联网中的"搜索"，后者是指通过索引大量数据来搜索信息，并尝试为每个搜索查询找到最佳响应。

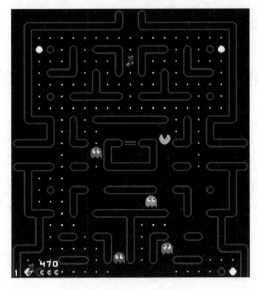

图 2.1　《吃豆人》游戏界面

通过状态空间描述问题一般包括以下几个部分。

(1)初始状态：问题开始的状态，如《吃豆人》游戏开局的一些情况。

(2)行动：智能体可以执行的所有行动。每个状态都对应一个可执行行动的列表，称为行动空间。例如，吃豆人可以执行四个移动行动：上、下、左、右。

(3)转移函数：描述某个状态下执行某个行动的结果，即转移到的状态。例如，吃豆人在某个局面下执行向上行动转移到另外一个行动。

(4)目标测试：检验某个状态是否满足目标。例如，检验当前状态下吃豆人是否到达目标位置或者地图中的豆子是否被吃完。

(5)路径代价：执行路径对应行动序列的代价值。例如，吃豆人执行一系列行动产生的游戏分数变化对应该路径的代价。

运用搜索算法，能够找到从初始状态出发到达某个目标状态的可行路径。搜索算法的运行可以理解为一个逐步构建搜索树的过程。"人工智能"课程中通常有搜索算法的详细介绍[1]，此处不再过多解释。如图 2.2 所示，根节点对应问题的初始状态；箭头线表示行动；除根节点之外的所有节点对应执行行动转移到的状态。图中灰底区域对应搜索算法已经生成的搜索树，其中边缘处节点为当前待考察的节点，其余节点为已考察节点。搜索算法在所有待考察节点中选取一个节点，进行考察并扩展其子节点加入作为待考察节点。不同搜索算法的区别主要体现在如何从待考察节点中选取优先考察的节点。此外，值得注意的是，实际问题状态空间的规模往往非常巨大，但是在运用搜索算法求解时并不需要首先构建出完整的状态空间。搜索算法在运行过程中隐含着在计算机中同步构建一个局部的状态空间。

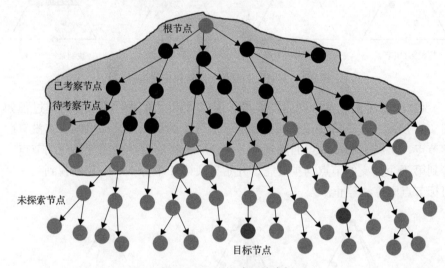

图 2.2　逐步构建的搜索树

接下来将分别介绍四类搜索算法，即无信息搜索、启发式搜索、极小极大搜索以及蒙特卡罗树搜索。其中，无信息搜索和启发式搜索所针对的问题均有明确的目标且智能体需要执行一系列的行动到达目标，因此通过这两类搜索算法可以计算出使智能体找到到达目标的一条路径，甚至是较好的或最优的路径；极小极大搜索针对竞争的多智能体环境，其中每个智能体需要考虑其他智能体的行动及其对自己的影响，以此为基础搜索得到自己的行动策略；蒙特卡罗树搜索采用概率随机的方式进行搜索。

2.1.2　无信息搜索

无信息搜索在搜索过程中不考虑目标所在位置这一信息，可以看成所有搜索策略中最基础的一类。由于没有考虑目标位置，无信息搜索算法的搜索规则与目标无关。典型的无信息搜索算法包括如下三种。

（1）宽度优先搜索：优先扩展最浅层的节点。首先扩展根节点，接着扩展根节点的所有子节点，然后再扩展它们的子节点，以此类推。如图 2.3 所示，算法从根节点开始扩展，逐步搜索第 1 层节点、第 2 层节点⋯⋯逐层搜索直到找到某一个目标节点则算法停止。

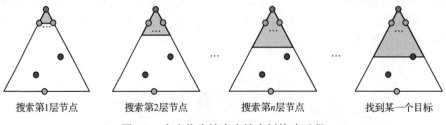

搜索第1层节点　　　搜索第2层节点　　　搜索第n层节点　　　找到某一个目标

图 2.3　宽度优先搜索中搜索树构建过程

（2）深度优先搜索：优先扩展最深层的节点，算法的搜索树构建过程如图 2.4 所示。基于算法很快搜索到第一个分支的最深层，那里的节点没有后继节点，扩展完那些节点回溯到下一个还有未扩展后继的深度稍浅的节点。等到第 1 个分支的节点均扩展完，开始扩展第 2 个分支……直到找到某一个目标节点则算法停止。

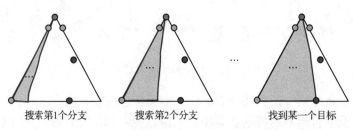

搜索第1个分支　　　搜索第2个分支　　　找到某一个目标

图 2.4　深度优先搜索中搜索树构建过程

（3）代价一致搜索：优先扩展已用代价最小（从根节点出发扩展到该节点的代价）的节点。宽度优先搜索和深度优先搜索均没有考虑每一步的行动代价，而代价一致搜索采用已用代价来排列所有待考察节点的优先顺序，其搜索过程可以看成沿着代价等高线逐层进行搜索，如图 2.5 所示。

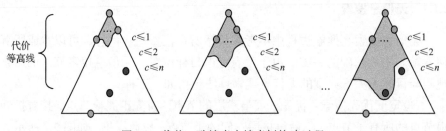

图 2.5　代价一致搜索中搜索树构建过程

2.1.3　启发式搜索

与无信息搜索在搜索过程中不考虑目标所在位置这一信息相比，启发式搜索设计启发式函数来评估节点距目标的距离，并以此引导搜索过程的进行。其中启发式函数发挥了重要作用，虽然在搜索开始时并不能确切地知道某个状态与目标的距离，但是可以采用启发式函数对其进行估计。如图 2.6 所示，当吃豆人规划通向目标豆子的路径时，虽然吃豆人不知道可行的路径或者最优路径的确切代价值，但是可以通过欧氏距离或者曼哈顿距离的计算方式对这个值进行估计。典型的启发式搜索包括贪婪搜索和 A*搜索。

图 2.6　欧氏距离和曼哈顿距离

(1)贪婪搜索：优先扩展看起来最接近目标的节点，即采用启发式信息值对待考察节点进行排序。

(2)A*搜索：最小化解路径的总估计代价，包括达到某个状态的代价和从该状态达到目标的估计代价。换而言之，启发式搜索采用已用代价与启发式信息值之和对待考察节点进行排序。与代价一致搜索算法相比，启发式搜索算法在搜索中考虑了更全面的信息，往往只需要扩展更少的节点就可以找到目标。

2.1.4　极小极大搜索

在单人游戏中，使用无信息搜索算法和启发式搜索算法可以找到一条通向目标状态的路径。然而在竞争的多智能体环境中，每个智能体还需要考虑其他智能体的行动及其对状态转移的影响，以此为基础搜索得到自己的行动策略。一个典型的两选手(Max 选手和 Min 选手)多回合零和博弈问题可以形式化描述如下。

(1)初始状态：描述博弈开始时的情况。

(2)行动：某个状态下某个玩家可以执行的所有行动。

(3)转移函数：定义行动的结果。

(4)终止测试：测试博弈是否结束。博弈结束的状态也称为终止状态。

(5)终局效用函数：终局状态下某个玩家的效用值。

某个玩家的策略即为状态到行动的映射。

根据初始状态、行动和转移函数可以绘制出博弈树。如图 2.7 所示，与单智能体问题的搜索树每个节点的分支对应的都是该智能体的可能行动不同，博弈树中存在 Max 节点和 Min 节点两类节点，分别表示 Max 选手和 Min 选手执行行动。Max 选手的目标是终局效用值越大越好，而 Min 选手的目标是终局效用值越小越好。

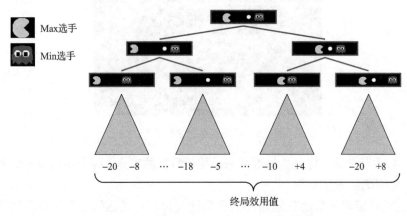

图 2.7　两选手多回合零和博弈问题的博弈树

极小极大搜索算法可以对这类博弈问题进行优化决策。如图 2.8 所示，极小极大搜索算法执行深度优先搜索算法来探索整个博弈树，即一直到树的终端节点，然后以递归的方式进行回溯。终局状态节点的值可以由该节点的终局状态效用值确定。中间的 Min 节点通过该节点所有子节点中的最小值节点进行递归得到，而中间的 Max 节点通过该节点所有子节点中的最大值节点进行递归得到。

极小极大搜索算法的主要缺点是，对于复杂的游戏(如国际象棋、围棋等)，搜索会变得非常慢。因为这类游戏分支因子很大(即玩家经常有很多选择)，所以博弈搜索树的规模会随着游戏的深度呈指数增加。解决这一问题最直接的办法就是限制搜索深度。由于在规定深度上尚未达到博弈的终局，无法

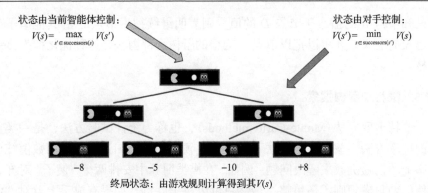

图 2.8　极小极大搜索算法的回溯过程

利用终局效用值对该节点进行评价，因此常常需要设计评价函数对这些节点进行评价。评价函数的设计可以基于人类的经验和问题本身的特点（例如，IBM 国际象棋程序"深蓝"的评价函数就结合了人类国际象棋大师的经验规则），也可以采用先进的机器学习方法学习训练得到（例如，AlphaGo 中采用深度神经网络学习围棋的局面评价函数）。

　　此外，还可以采用 Alpha-Beta 剪枝以减小搜索空间。"深蓝"程序中采用了结合 Alpha-Beta 剪枝的极小极大搜索算法。该算法通过对极小极大搜索中存在的极大值冗余和极小值冗余进行剪除，达到减小搜索空间的目的。在图 2.9（a）中，节点 A 的值应是节点 B 和节点 C 值中的较大者，现在已知节点 B 的值大于节点 D 的值，由于节点 C 的值应是其子节点值中的极小者，此极小值一定小于等于节点 D 的值，因此也一定小于节点 B 的值，这表明继续搜索节点 C 的其他诸子节点已没有意义，它们不能做任何贡献，于是把以节点 C 为根的子树全部剪去，这种优化称为 Alpha 剪枝。同理在图 2.9（b）中，

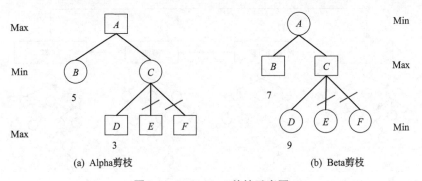

图 2.9　Alpha-Beta 剪枝示意图

若已知节点 *B* 的值小于节点 *D* 的值，则表明继续搜索节点 *C* 的其他诸子节点已没有意义，并可以把以节点 *C* 为根的子树全部剪去，这种优化称为 Beta 剪枝。

2.1.5　蒙特卡罗树搜索

蒙特卡罗方法（Monte-Carlo methods），也称为统计试验方法，是一类重要的概率方法。蒙特卡罗方法不需要其他领域的任何知识，仅仅用数值统计概率上的伪随机数来解决问题。例如，在棋类博弈中安排两个"傻子"对弈，即使他们只懂规则不懂策略，最终总可以决出胜负。如果有成千上万对"傻子"下棋，就可以统计出棋局的固有胜率，得出胜率最高的策略。机器下棋的算法本质是在博弈树中搜索，若分支因子很大，则当搜索层数达到一定规模之后，继续采用极小极大搜索和 Alpha-Beta 搜索等算法将无法达到更深的层，而应用蒙特卡罗方法可以使搜索深度大大增加，进而提高博弈水平。

图 2.10 展示了蒙特卡罗树搜索（Monte Carlo tree search, MCTS）的基本过程，包括选择（selection）、扩展（expansion）、模拟（simulation）、回溯（back propagation）四个阶段[2]。MCTS 过程主要是沿着搜索树进行多次遍历，每次遍历是从根节点（当前游戏状态）到一个未完全展开节点的路径。一个未完全展开的节点意味着它至少有一个未被访问的子节点。当遇到未完全展开的节点时，从该节点的子节点中选取一个未被访问过的节点进行一次模拟。将模拟的结果回溯至根节点，并更新相关节点的统计信息。当搜索结束时就可以根据收集的统计信息来决定下一步怎么走，MCTS 对游戏进行多次模拟，然后基于模拟结果预测下一步最佳策略。下面详细介绍 MCTS 基本过程中的四个阶段，即选择、扩展、模拟、回溯。

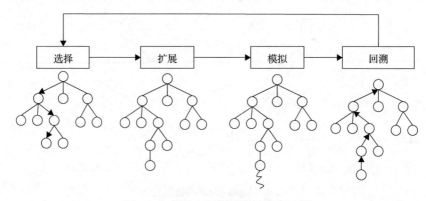

图 2.10　蒙特卡罗树搜索的基本过程

1. 选择与扩展

MCTS 从根节点开始运行，每次都选一个"最值得搜索的子节点"，一般使用上限置信区间(upper confidence bound applied to tree, UCT)算法选择分数最高的节点，直到来到一个"存在未扩展"的节点。之所以叫"存在未扩展"，是因为这个局面存在未走过的后续走法，也就是 MCTS 中没有后续的动作可以参考。这时我们进入第二个阶段"扩展"。扩展这一阶段比较简单，只需要将"存在未扩展节点"的子节点加入当前的搜索树中。

下面具体介绍用于在"已扩展"节点上进行动作选择的 UCT 算法。UCT 算法是一个从已访问的节点中选择下一个节点来进行遍历的函数，也是 MCTS 的核心函数。假设节点 v 的所有子节点是 $v_1, v_2, \cdots, v_k$，那么 UCT 算法对节点采用如下公式进行计算，作为对节点 v 之后的下一个节点进行选择考虑的评价：

$$\mathrm{UCT}(v_i, v) = \frac{Q(v_i)}{N(v_i)} + c\sqrt{\frac{\ln(N(v))}{N(v_i)}}$$

其中，$Q(v_i)$ 是所有经过了节点 v_i 的模拟所获得的收益总和；$N(v)$ 和 $N(v_i)$ 分别是所有经过了节点 v 和 v_i 的模拟次数。这些值随着大量模拟的不断进行一直在更新。图 2.11 给出了博弈树中这些值对应的节点以及这些节点之间的关系。UCT 算法的值由两部分构成，第一部分称为"利用"，可以看成子节点的胜率估计(总收益/总次数=平均每次的收益)。这一部分看起来已经有足够的说服力，因为只要选择胜率高的下一步即可，但是为什么不能只用这一部分呢？这是因为这种贪婪方式的搜索往往会导致搜索不充分，错过最优解。

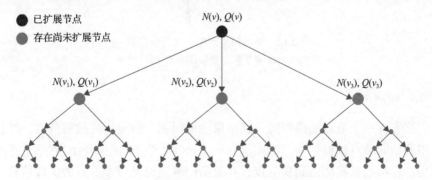

图 2.11　UCT 算法中用于对节点评价的统计量

因此有了 UCT 算法函数的第二部分，称为"探索"。这个部分更倾向于选择访问次数较少的节点。

2. 模拟

模拟可以看成从当前未扩展过的节点开始到终局节点结束的一个状态与行动序列，如图 2.12 所示。一次模拟的结束往往对应一个可以评价的结果，例如，对游戏来说就是获胜、失败或平局。模拟中一般用一个简单策略如快速走子策略(rollout policy)从当前这个未扩展过的节点，走到底，得到一个胜负结果。快速走子策略一般适合选择走子很快但可能不是很精确的策略。如果这个策略走得慢，结果虽然会更准确，但由于耗时多，在单位时间内的模拟次数就少，所以棋力不一定更强，有可能会更弱。这也是为什么我们一般只模拟一次，因为如果模拟多次，虽然更准确，但更慢。

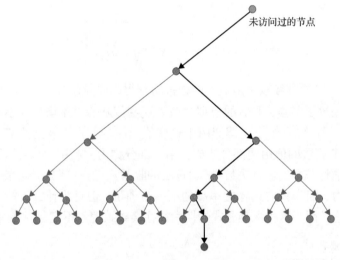

图 2.12　随机模型产生一个行动序列

黑色线段给出基于默认策略函数得到的走子选择

3. 回溯

当完成一个节点的模拟时，其结果会返回到当前搜索树的根节点，然后模拟开始的节点被标记为已访问。回溯是从叶子节点(模拟开始)到根节点的遍历。模拟结果被传送到根节点，并更新回溯路径上每个节点的统计信息。回溯保证每个节点的统计信息能够反映该节点所有后代的模拟结果。图 2.13

为回溯示意图。

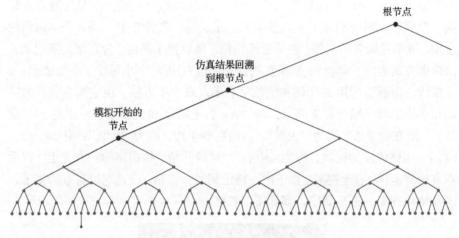

图 2.13　回溯示意图

回溯模拟结果的目标是更新回溯路径上所有节点的总模拟收益 $Q(v)$ 和总访问次数 $N(v)$。每个访问过的节点都需要维护这两个值。换句话说，如果随机找一个节点，这个节点的统计信息反映了它可能是最佳下一步（总模拟收益）的概率，以及它被访问的频率（总访问次数）。收益高的节点是接下来探索的优秀候选节点，但那些访问次数低的节点也同样值得关注（因为它没有被探索完全）。

MCTS 程序执行完之后，获得的最佳行动通常是访问次数最多的行动，因为它的价值被估计得最好（被访问得最频繁意味着估计价值一定很高）。

与传统搜索方法相比，MCTS 的优点主要表现在三个方面：①算法通用性强，在基本规则内的领域知识就可以做出合理决策；②时间任意，算法可以在任何时间终止，并返回当前最优结果；③搜索聚焦性好，算法频繁访问更有希望的节点，更适合那些有着更大分支因子的博弈问题，如 19×19 的围棋。关于 MCTS 在围棋当中的应用参见 4.5 节内容。

2.2　国际象棋

国际象棋的棋盘，是由颜色深浅相间的 64 个小方格组成的 8×8 正方形盘。图 2.14 给出了手机上运行的 Stockfish 进行国际象棋对弈的界面。浅色格称为白格，深色格称为黑格。棋子为立体，共 32 个，分别放在棋盘两方的小方格上。16 个浅色的称为白棋，16 个深色的称为黑棋，由对局的双方分执。白棋和黑棋分别有王、后各 1 个，车、马、象各 2 个，兵 8 个。白格的盘角，位于对局者的右侧；白后置于白格，黑后置于黑格。为方便文字记录，以白棋方面为准，棋盘的 8 条直线，从左至右用 8 个小写拉丁字母表示；8 条横线，由近至远用 8 个阿拉伯数字表示。每个小方格，由它所在直行的字母和横排的数字结合起来表示，例如，e 行上第 4 排的格子，标志是 e4。此外，王所在的半边，称为"王翼"；后所在的半边，称为"后翼"；由 d4、d5、e4、e5 四格构成的区域，称为"中心"。对局开始，执白棋的一方先走，以后双方轮流走棋，直至终局。棋子由一格走到另一空格，或是吃掉对方的棋子，以及使兵升变、王车易位，都算作 1 着棋。

图 2.14　手机上运行的 Stockfish 对弈界面

根据棋盘尺寸与游戏规则，可以粗略地计算出国际象棋的状态空间复杂度(即所有合法局面的总和)约为 10^{43}，博弈树复杂度(即最小搜索树的所有叶子节点的总和)约为 10^{123}。在人工智能历史上，这个复杂度被人工智能研究者认为是巨大且非常值得挑战的。从 1950 年开始，这个挑战持续了半个世纪之久，树搜索算法在其中扮演了重要角色。

2.2.1 国际象棋求解技术

人工智能领域早期具有重要影响力的很多人物都对国际象棋表现过浓厚兴趣，包括图灵和维纳这些对人工智能具有深远影响的科学家。其中，克劳德·香农在 1950 年发表的文章"国际象棋程序设计"中给出了完整的机器博弈思路，包括如何进行棋局表示、设计评价函数和使用极小极大搜索等，对国际象棋机器博弈的研究具有开创性的意义。

国际象棋程序通常在国际上被称为国际象棋引擎。当前国际象棋引擎使用到的技术包括棋盘表示、评价函数与搜索、开局和残局数据库。

1. 棋盘表示

棋盘表示是计算机实现根据规则跟踪整个对弈过程，是国际象棋引擎的基础[3]。最简单的棋局表示方法是使用 8×8 的矩阵来表示每个小方格上棋子的编号（例如，0 表示没有棋子，1 表示白后，2 表示白兵等）。这种方法对棋局表示很简单，但是很难计算某个局面下的所有可能走法，因为计算机必须一遍又一遍地检查棋子的边界和位置。因此，每轮可能会在棋盘上循环 20～30 次才能计算出该局面上的所有走法。

另外一种方法引入了棋子移动生成器和边界检查器，实现对棋子移动的优先考虑，特别是考虑了"马"的移动（它不是简单沿着直线或者对角线移动，而是走得比较远，而且很难计算出其是否为非法移动）。所以进一步使用了 12×12 的矩阵表示棋局，以 8×8 的矩阵为中心，围绕它增加了两排边界。这样就保证了不论"马"在哪里，它的移动都在矩阵之内。这种方法试图通过在棋盘周围创建一个凸起的"圈"来整合移动生成器和边界检查器，以确保任何试图离开棋盘的移动都会被"圈"阻挡。

被认为最具创意的国际象棋表示方法是一种称为"位棋盘"（bitboard）的方法。由于棋盘有 64 个方格，而 64 位的中央处理器（central processing unit, CPU）很容易处理 64 位整数（即 64 个二进制位），因此有程序员认为如果用 64 位整数表示棋盘，那么 CPU 将会很容易进行计算。事实证明确实是这样的。在位棋盘方法中，每个位棋盘只能有真假值（即 1 和 0），表示棋盘布局的某方面信息（所有空方格、所有白车或者所有黑象等）。整个棋盘信息由多个位棋盘共同表示。

基于这种方法，只需要少量的位运算就可以实现对棋盘信息的获取，而计算机语言很擅长处理这种运算。例如,假设需要确认黑王被白后将军,如果用简单的数组来表示棋盘,那么需要这样做:首先找到后的位置,这需要从 64 个字节中一个一个地找;然后在后所能走的八个方向找,直到找到王或者找到后走不到的格子为止。这些运算本来是相当花费时间的,例如,后可能碰巧是在数组的最后一格,而且将军只会发生在少数情况下。然而,使用位棋盘只需要这样做:载入"白方后的位置"的位棋盘;根据这个位置,从索引数据库中找到被后攻击的位棋盘;用这个位棋盘和"黑方王的位置"的位棋盘作"与"运算。如果结果不是零,则说明黑王被白后将军。可以看出,这种位棋盘的方式计算会很快。

此外,位表示法也可以很好地处理棋子移动的局面转移。位表示法在实践中非常有效,现在很多顶级国际象棋引擎仍然使用这种方法。

2. 评价函数与搜索

评价函数与搜索是国际象棋引擎背后的"大脑",决定着机器如何走棋。评价函数是一种启发式函数,用来确定当前局面的相对值(即获胜的机会)。评价函数可以基于人类的经验和问题本身的特点进行设计,也可以采用先进的机器学习方法学习训练得到。本节介绍设计方法,后者关于机器学习的方法可以参考第 3 章的内容。

人们设计了各种各样的方法对国际象棋局面进行评价,包括棋子价值、机动性与控制力、兵形等[4]。

(1)棋子价值非常简单且直接,就是根据棋面上双方各有哪些棋子进行评价。例如,设定各类棋子的价值如下:后 900 分,车 500,象 325,马 300,兵 100,王是非常大的一个值。然后每个玩家的棋子价值就是:$MB = Sum(Np \times Vp)$。其中,Np 是棋盘上这种类型的棋子的数目,Vp 是棋子的价值。如果在棋盘上的棋子价值比对手多,那么表示形势好。

(2)机动性是指当前局面下玩家合理走法的数量。这是因为在直觉上,下棋过程中选择的余地越大越好,例如,30 种走法中找到好棋的可能性比 3 种走法直觉上要大。和机动性有密切联系的是棋盘控制力。如果一方对某个格子能够开展攻击的棋子数量超过对方,那么这一方就控制了这个方格。走到受控制的方格通常是安全的,走到被对方控制的格子则是危险的。

(3)兵形是指棋子"兵"在棋盘上的布局。象棋大师们常说"兵是象棋的灵魂,高手在对弈时很可能会因为一个兵的损失而早早认输"。不同的兵形对局势可能是有利的,也可能是有害的。经典的兵形包括叠兵和通路兵等。叠兵是指一方的两个或多个兵在同一列上，因为它们的移动相互阻碍了所以对局势不利。通路兵是指己方兵不会受到对方兵的直接攻击或阻碍，这时它们很容易到达底线实现升变，所以对局面非常有利。

国际象棋程序的基本搜索算法是极小极大搜索算法和 Alpha-Beta 剪枝（见 2.1.4 节）。除此之外，还有另外一些技术用于提高搜索效率，包括空着启发式(null-move heuristic)、单步延伸(singular extensions)等[5]。

(1)空着启发式可以有效提高搜索速度。简而言之，空着就是自己不走而让对手连走两步或多步。在搜索中让计算机走空着，可以提高速度和准确性。例如，假设局面对你来说是压倒性优势，即便跳过几个回合，对手也无法挽回。再如，假设当前局面本来准备搜索 N 层，并且你的分支因子是 B，那么引入一个空着只需要搜索一个 $N-1$ 层深的子树，而不是 B 个这样的子树。在中局阶段通常 $B=35$，所以空着搜索只消耗了完整搜索所需的 $1/35 \approx 3\%$ 的资源。如果这种情况下进行搜索时发现当前局面已经足够好（即发生了剪枝），那么相当于少花 97% 的搜索资源；否则，就必须像常规那样考察合法的走棋，而这也只是多花了 3% 的力气。

(2)单步延伸的思想来源于国际象棋中的有些走棋明显比其他的好，这样就可能没必要搜索其他走棋引起的变化。"深蓝"的开发人员发展了这个思想并提出了单步延伸概念，并在他们的程序中发挥了重要作用。简而言之，在搜索中如果某步看上去比其他变化好很多，就继续加深这步搜索以确认后续能够引起局面变得很坏的"陷阱"。单步延伸会增加搜索时间，对一个节点增加一层搜索使搜索树的大小翻一番，评估局面的计算量同时也翻一番。因此在使用时也要做好平衡。

3. 开局和残局数据库

计算机棋力的一个重要方面是下棋时使用的开局数据库。人类大师多年的知识积累和经验可以很轻易地储存在计算机硬盘上并用于开局阶段。每个开局局面都有完全的统计（例如出现过哪些走法、用哪些走法胜过、使用过的人数等）。因此，程序经常是连走 15~20 步之后才需要进行第一次搜索和决策。

残局是指快要结束时的局面。通常只有在盘面上棋子数量很少的情况下，残局数据库才能实现。国际象棋中存在多达 6 子的残局库，这些残局在实战中并不经常出现，因此残局数据库对国际象棋棋力的影响不是很大。在西洋跳棋里，有多达 8 子和 10 子的残局库，这就意味很多棋局会很快走到有残局库的局面中，因此残局数据库的建立使得西洋跳棋的棋力有了很大提高。

2.2.2　国际象棋引擎当前发展

21 世纪以来，国际象棋 AI 在与人类的对抗中占据了绝对优势。一些人类大师尝试使用"反计算机"策略(即搜索树无法找到的一些具有长期优势的走法)，并取得一些胜利。但是国际象棋 AI 的发展势不可挡。自 2009 年以来，国际象棋 AI 开始系统性地击败顶级人类棋手，并且这些 AI 系统不需要运行在超级计算机上，在手机上就可以部署。

虽然人类已经很难在国际象棋上再战胜机器，但是机器与机器之间的对抗仍在不断进行与发展之中。从 2010 年开始的十几年中，基于神经网络的人工智能技术逐渐崭露头角并在计算机国际象棋锦标赛中称霸。这些新的国际象棋引擎以不同的方式工作，因为它们不需要数据库来学习如何玩游戏，它们能够在没有暴力手段的情况下获胜。在围棋领域取得重大突破之后，DeepMind 开发的 AlphaZero 通过与自己对弈来学习下国际象棋，并于 2017 年打败了当时最强大的国际象棋引擎 Stockfish[6]。在这之后，Stockfish 团队也开始在其引擎中引入基于神经网络的机器学习算法。2020 年，Stockfish 在重新登上计算机国际象棋等级排名(computer chess rating list，CCRL)和国际象棋引擎大赛(chess engines grand tournament，CEGT)的积分榜榜首。当前顶级的象棋程序已经将有效分支因子降到 3 以下(问题本身的分支因子约为 35)，在标准的单核计算机上每秒钟可以搜索约 100 万个节点，相当于 20 层。截止到 2021 年 8 月，Stockfish 继续排名第一，基于 MCTS 的 AlphaZero 类似技术的引擎 Leela Chess Zero 位列第二。

2.3　西　洋　跳　棋

1962 年，第一个能够击败人类棋手的跳棋程序诞生了。当时有人认为西洋跳棋问题被攻克了。但这种说法并不正确，不仅因为它还无法击败人类世界冠军，而且赢得游戏本身并不意味着其不再具有博弈理论上的研究价值。1989 年，阿尔伯塔大学的谢弗教授带领的研究小组通过持续研究西洋跳棋问题，开发了著名的 Chinook 计算机程序。该程序同时使用超过 200 个处理器来计算残局数据库，并使用极小极大博弈树来决定它的下一步行动，这些技术路线总体上与当时的主流国际象棋 AI 程序相一致。在拥有更强大的残局数据库的情况下，Chinook 于 1994 年击败了人类世界冠军。2007 年，谢弗教授团队再次取得突破，证明西洋跳棋问题已经被"破解"[7]。

2.3.1 西洋跳棋的复杂度

西洋跳棋由来已久，且棋子数量和移动规则会有些变化，例如，棋盘大小从8×8到14×14都有。所有西洋跳棋都有一个共同原则也是最主要的规则：如果对手不能再移动（没有棋子或所有棋子都无法再移动），那么你就赢了；"正常"的棋子在到达棋盘的另一端时就会变成国王。此外，所有棋子和国王都可以跳过敌人的棋子来吃掉它们。图 2.15 给出了 8×8 的西洋跳棋标准棋盘和棋盘位置的数字标记。开局时每个玩家拥有 12 个棋子，其状态空间复杂度为 5×10^{20}。这在棋类游戏中被视为中等复杂度，与国际象棋的 10^{43} 相比小了很多。

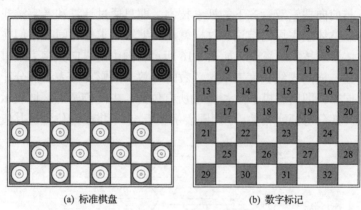

(a) 标准棋盘   (b) 数字标记

图 2.15   8×8 的西洋跳棋标准棋盘和棋盘位置的数字标记

2.3.2 西洋跳棋的"破解"

谢弗教授团队在 2007 年对西洋跳棋进行了"破解"。虽然西洋跳棋的状态空间复杂度小于国际象棋，但是这次"破解"可以看成学术界对西洋跳棋的攻克程度超过了对国际象棋的攻克程度。这项工作发表在 2007 年的 *Science* 上[8]，且于 2020 年被阿尔伯塔大学评为过去 100 余年间该校改变世界的六个技术发明之一。具体而言，谢弗教授团队构建了一个无法被击败的西洋跳棋 AI 程序，证明了在人机双方都不犯错误的情况下，人机对弈的结果永远是平局；而如果人犯了错误，计算机将毫无疑问地战胜人类。换句话说，该程序可以找到任何局面下的最佳走法，如果双方都按照最佳走法下棋，那么棋局将以和局收场。

游戏被"破解"的通俗说法是指"弄明白了该游戏的所有可能情况"。关于完全信息二人零和游戏的"破解"存在三种层次的描述：超弱破解、弱破解、严格破解[9]。

（1）超弱破解（ultra weakly solved）：能够确定初始局面在博弈理论上的效用值，但是不知道实现的策略。

（2）弱破解（weakly solved）：不仅确定初始局面在博弈理论上的效用值，而且能够知道实现的策略。

（3）严格破解（strongly solved）：对于任意局面，都知道其在博弈理论上的效用值和实现的最优策略。

基于 2007 年的机器计算能力，若想计算出西洋跳棋所有可能局面下的策略来将其"严格破解"，需要计算几十年的时间。因此，谢弗教授团队采用了反向搜索与前向搜索双管齐下的搜索技术，即只通过计算和考察游戏的局部场景，得出整体上平局的结论，这样就大大缩短了求解时间。他们在论文中给出了具体搜索技术示意图，如图 2.16 所示，图中的纵向数字表示棋盘上剩余棋子个数，横向虚线长度表示位置数的对数。阴影部分表示部分能够证明的残局数据库，即所有棋子数≤10 的所有位置。中间椭圆形区域表示搜索空间中只有一部分与证明相关。小圆圈表示多于 10 个棋子的位置且其值已经被

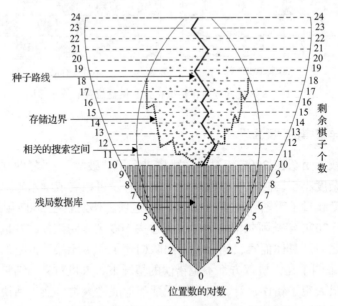

图 2.16　西洋跳棋的反向搜索与前向搜索示意图

求解器证明得到。虚线表示的存储边界为证明树部分（并存储在磁盘上）和求解器计算部分（为了减少磁盘存储需求而没有保存）之间的边界。实心的种子路线表示"最佳"移动序列。

首先，谢弗教授团队建立了游戏残局数据库。残局数据库从所有可能的游戏终局（包括胜、负、平）开始往回构建，通过反向搜索算法建立从棋盘上尚有 10 个棋子的局面通向这些终局的移动路径。最终构建的终局数据库包含 $3.9×10^{13}$ 个位置信息，并使用压缩算法压缩成 237GB 的数据量，且平均每字节包含 154 个位置的数据。

然后，使用前向搜索技术快速从 24 个棋子的开局到达那些只有 10 个棋子的残局情况，通过最佳优先原则，搜索不同的位置和路线情况。在游戏中的某个位置，玩家可以采取若干行动。谢弗教授团队没有使用深度搜索来探索所有这些走法的最终结果，而是使用衡量最佳路线的方法，即最少走法最有可能导致胜利的行走路线（称为"种子路线"）。先对这条种子路线进行评价，如果它确实导致了胜利，那么就没有必要去搜索任何其他平行的行走路线，因为整个路线都已经知道会严格取得胜利。可以通过这种方式删除大量的行动路线，所以大大减少了需要深入搜索的线路数量，从而能够用最少力量来"破解"西洋跳棋。最终，在 $5×10^{20}$ 种可能的位置中，只需要评估 10^{14} 种位置，就完美证明了西洋跳棋游戏的结果是平局。

在这之前，由于人类棋手在比赛中经常打平，西洋跳棋的玩家一直怀疑跳棋最终会导致平局。以至于为了减少打平的次数，从 1934 年开始的锦标赛中要求前三步棋必须从一些指定开局中随机选择。谢弗教授证明了 19 种不同开局均以平局告终。而西洋跳棋所有的 300 个比赛开局都可以映射到这 19 个开局当中。

与西洋跳棋相比，国际象棋的状态空间大很多，至今仍未"破解"。很多人认为"破解"之后也很有可能是和西洋跳棋的平局结果是一样的。谢弗教授提到，如果使用解决西洋跳棋的技术求解国际象棋，也需要具备像量子计算那样的能力才可以。机器与机器在国际象棋领域的对抗仍在继续，人们也期待着有一天实现对国际象棋的完美"破解"。

2.4　《吃豆人》游戏

在《吃豆人》游戏中，玩家在迷宫中操纵吃豆人，吃豆人的目的是吃掉迷宫中的豆，迷宫中一共有 174 个豆，每吃掉一个豆可以获得 10 分。当吃豆人吃完地图中全部的豆时，该关卡通过，进入下一关卡。但是需要注意的是，每一关卡的迷宫中还存在四个幽灵（ghost），幽灵的目的就是抓住吃豆人。每当幽灵抓住吃豆人时，吃豆人就会失去一条命，吃豆人初始有三条命，每当得分达到 10000 点时就会获得一条命，如果耗光全部生命，则游戏结束。除了上述这些基本规则，迷宫的角落还散布着四个能量豆，每吃掉一个能量豆可以获得 40 分，并且在之后的 15s 内，全部幽灵都会变蓝，同时降低速度，远离吃豆人。在这个过程中，吃豆人可以吃掉这些幽灵，每吃掉一个幽灵可以获得 200 分、400 分、800 分和 1600 分，当幽灵被吃掉后就会回到迷宫中心重生。每隔一段时间，迷宫中心就会出现一个水果，并停留一段时间，吃掉这个水果可以获得 100 分。

　　在《吃豆人》的最初版本中，幽灵沿着复杂但具有确定性的路线移动，因此可以学习不需要任何观察的确定性动作序列。在《吃豆人》的大多数续集游戏中，尤其是《吃豆人女士》（图 2.17）中，幽灵的运动加入了随机性。这样，就不存在单一的最优行动序列，若想获得最优策略必须先对幽灵的运动进行观察。在一些文献研究中，选择幽灵在 20%的时间随机运动，剩下的80%时间固定朝向吃豆人方向移动。

　　《吃豆人》游戏非常适合用树搜索方法求解。下面以 CIG 2012 中《吃豆人女士大战幽灵》竞赛中的冠军程序 Maastricht[10]为例，介绍 MCTS 在《吃豆人》智能体中的应用。

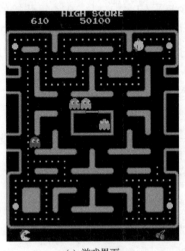
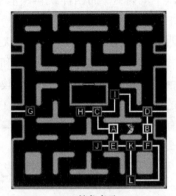

(a) 游戏界面　　　　　　　　　　(b) 抽象表示

图 2.17　《吃豆人女士》游戏界面及问题抽象表示

　　游戏环境可以直接抽象表示为图的形式，如图 2.17 (b) 所示。其中交叉的路口是节点，节点之间的路线是边。吃豆人在图中任何位置都可以做决策：在节点上，吃豆人可以在两个以上的行动方向上做选择，而在中间路线上，其可以选择保持自己的路线向前或者后退。对问题进行一种特殊的离散化表示可以画出对应的搜索树，如图 2.18 所示。在搜索树节点处进行决策选择向哪个方向移动，意味着从一个节点开始要么一直走完到另外一个节点的路线，要么选择另外节点的路线，而逆向移动是额外单独考虑的。此外，与 2.1.4 节中玩家和对手在树中都有决策节点不同，这里的搜索树是单智能体的。因为这里并没有将幽灵的移动通过节点来表示，而是通过模拟策略在 MCTS 的模拟环节进行考虑。Maastricht[10] 中给出的 MCTS 方法针对《吃豆人女士大战幽灵》中的 AI 进行了一系列改进，例如，在其模拟环节中给出了两种吃豆人行动选择的依据：UCT 算法得到的固定策略或者定义的模拟策略给出的行动选择。一方面，MCTS 为设计高水平吃豆人智能体奠定了基础；另一方面，这些改进也很好地提高了吃豆人智能体的整体性能。

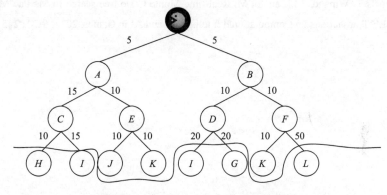

图 2.18　《吃豆人女士》游戏的搜索树

参 考 文 献

[1] CS188 Intro to AI—course materials[EB/OL]. http://ai.berkeley.edu/instructors_guide.html. [2021-06-11].

[2] Browne C B, Powley E, Whitehouse D, et al. A survey of Monte Carlo tree search methods[J]. IEEE Transactions on Computational Intelligence and AI in Games, 2012, 4(1): 1-43.

[3] Introduction to chess board representation[EB/OL]. https://aihorizon.com/essays/chessai/

boardrep.htm.[2021-06-11].

[4] Laramée F D. Chess programming part VI: Evaluation functions[EB/OL]. https://www. gamedev.net/tutorials/programming/artificial-intelligence/chess-programming-part-vi-evaluation-functions-r1208.[2021-06-11].

[5] Laramée F D. Chess programming part V: Advanced search[EB/OL]. https://www. gamedev.net/tutorials/programming/artificial-intelligence/chess-programming-part-v-advanced-search-r1197.[2000-09-06].

[6] Stockfish 官方网站[EB/OL]. https://stockfishchess.org.[2021-06-11].

[7] Suhas S. Checkers, solved! Make no mistakes and it's a draw, says computer scientist[EB/OL]. https://spectrum.ieee.org/checkers-solved.[2021-06-11].

[8] Schaeffer J, Burch N, Björnsson Y, et al. Checkers is solved[J]. Science, 2007, 317(5844): 1518-1522.

[9] Allis L V. Searching for solutions in games and artificial intelligence[D]. Maastricht: University of Limburg, 1994.

[10] Pepels T, Winands M, Lanctot M. Real-time Monte Carlo tree search in Ms Pac-Man[J]. IEEE Transactions on Computational Intelligence and AI in Games, 2017, 6(3): 245-257.

第3章 机器学习与数据对抗

机器学习是现阶段解决很多人工智能问题的主流方法，特别是近年深度学习的发展，使得机器学习取得了重大的突破和进展，在计算机视觉、语音识别、机器翻译、推荐系统等领域得到了广泛和深入的应用。机器学习作为人工智能的重要组成部分，在博弈对抗领域也有大量应用。本章主要介绍机器学习基础、深度神经网络与对手行为预测、聚类算法与对手风格预测、深度伪造与应对反制，以及对抗机器学习。本章结构如图3.1所示。

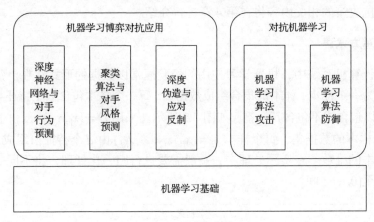

图 3.1 本章结构

3.1 机器学习基础

人从一出生就在不断学习，学习是人在生活中获得个体经验的过程，这些经验可以是一些能够描述的规则，比如有经验的人知道买什么样的西瓜和橘子味道会更好。机器学习使计算机具备和人类一样的学习能力。一个计算机程序，通过从海量的数据中挖掘，找到了规律和经验，这看起来就像是人类在学习一个事物的过程。

机器学习通过计算的方法，利用经验数据来改善系统性能，更加精确地说：假设用 P 度量评估计算机程序在任务 T 上的性能，若一个计算机程序利

用经验 E 在 T 中获得了性能提升，则认为程序对 E 进行了学习。

最早的机器学习算法主成分分析（principal component analysis, PCA）法可以追溯到 1901 年。1980 年，机器学习作为一个独立的方向开始蓬勃发展，到现在已经过去了 40 多年。总体上，机器学习算法可以分为有监督学习、无监督学习、强化学习三种类型。半监督学习可以认为是有监督学习与无监督学习的结合，在此不做讨论。

强化学习是一类特殊的机器学习算法，根据当前的环境状态确定一个动作来执行，然后环境进入下一个状态，并给出动作收益，如此反复，目标是让得到的累积收益最大化。例如，可以将棋类游戏决策问题看成典型的强化学习问题，在每个时刻，根据当前的棋局决定并执行在什么地方落棋，然后棋盘进入下一个状态，进而反复放置棋子，直到赢得或者输掉比赛。强化学习与对抗决策的相关内容将在第 4 章进行介绍。

3.1.1　基本术语

在计算机系统中，机器学习使用的经验通常以数据的形式存在。每一条数据称为一个样本，样本的集合组成数据集。每一个样本包含多个特征与特征值，可以包含或不包含其标签，如图 3.2 所示。采用 $D = \{x_1, x_2, \cdots, x_m\}$ 表示包含 m 个样本的数据集，每个样本 $x_i = (x_{i1}, x_{i2}, \cdots, x_{id})$ 由 d 个特征值组成，且 d 称为样本的维数。在实际处理中，一般需要进行归一化处理，将不同的特征值调整至[0, 1]区间。

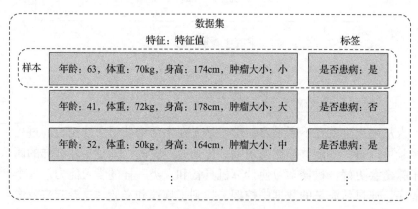

图 3.2　样本与数据集

如图 3.3 所示，从数据中学到的结果统称为模型，在面对新的情况时，例如，输入一个新的样本，模型会输出相应的判断。从数据中学习得到模型的过程称为训练，采用不同的训练方法会生成不同的模型，这些模型的性能也会有所差异，针对不同的任务需要合理地评估模型性能。训练时所用的样本称为训练样本，这些样本组成训练集；在评估模型性能时所需的样本称为测试样本，这些测试样本组成测试集。一般来说，训练集和测试集的样本不能重复，也就是说同一样本只能属于训练集或测试集，而不能同时在这两个集合中。

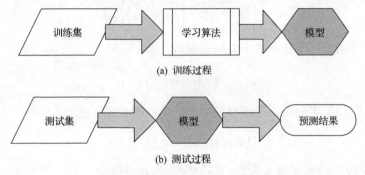

(a) 训练过程

(b) 测试过程

图 3.3　模型的训练与测试过程

　　按照学习算法的训练集样本是否需要标签，可以分为有监督学习和无监督学习，分类和回归是有监督学习的代表任务，聚类和数据降维是无监督学习的代表任务。

　　有监督学习通过有标签的训练样本学习得到一个模型，然后用这个模型进行推理。例如，如果要对患某种疾病进行风险预测，则需要用人工标注（即标注每个训练样本是否患病）的样本进行训练，得到一个模型，接下来，可以用这个模型对潜在患者进行判断，这称为预测。如果只是预测一个类别值，则称为分类问题；如果要预测出一个实数，则称为回归问题，如根据一个人的学历、工作年限、所在城市、行业、岗位等特征来预测这个人的收入，或者根据房屋的地区、面积、房型、楼层等特征来预测租房价格等。

　　无监督学习从一些无标签的样本数据中，让机器学习算法直接对这些数据进行分析，得到数据的某些知识，学习模型是为了推断数据的一些内在结构。在聚类中，例如，对大量包含猫或狗的图像进行聚类，算法将猫和狗的图像分成两类；对不同风格的画作进行聚类，聚类结果会让人很容易理解为写实派或抽象派画作等。在数据降维中，将一个高维向量变换到低维空间中，并且要保持数据的一些内在信息和结构，通过降维可以大大减少样本的特征数量，而不损害分类算法的性能，从而使得算法的复杂度大大降低。

　　给定数据集 $D = \{(x_1, y_1), (x_2, y_2), \cdots, (x_m, y_m)\}$，其中 y_i 是样本 x_i 的真实标

签，训练的模型为 f，对样本 x_i 的预测结果为 $f(x_i)$。由于 $f(x_i)$ 和 y_i 可能一致或不同，采用损失函数来度量预测错误的程度。损失函数是 $f(x_i)$ 和 y_i 的非负实值函数，记作 $L(y_i, f(x_i))$，常用的损失函数包括三种。

(1) 常用于二分类任务的 0-1 损失函数，即

$$L(y_i, f(x_i)) = \begin{cases} 1, & y_i \neq f(x_i) \\ 0, & y_i = f(x_i) \end{cases}$$

(2) 常用于回归任务的平方损失函数，即

$$L(y_i, f(x_i)) = (y_i - f(x_i))^2$$

(3) 常用于多分类任务的对数损失函数，即

$$L(y_i, f(x_i)) = -\ln P(y_i \mid x_i)$$

其中，$P(y_i \mid x_i)$ 表示输入为 x_i、预测为 y_i 的条件概率。

采用损失函数对训练集(测试集)上所有样本求损失函数的均值，称该均值为训练误差(测试误差)。例如，数据集 D 上的训练误差为

$$E(f, D) = \frac{1}{m} \sum_{i=1}^{m} L(y_i, f(x_i))$$

机器学习的目的是希望训练得到的模型适用于新样本，而不只适用于训练样本。模型适用于新样本的能力称为泛化能力，具有强泛化能力的模型能很好地适用于整个样本空间。如果模型在训练集上表现良好，而在测试集上效果不好，则称为过拟合；如果模型不能很好地适应训练集和测试集，则称为欠拟合，如图 3.4 所示。图 3.5 给出了三种函数对同一组训练样本拟合的不同拟合效果示例，其中"×"表示训练样本，曲线表示拟合函数，横轴为样本特征值(尺寸)，纵轴为样本输出值(价格)。机器学习算法通常基于独立同分布的假设，即假设样本空间中的全体样本服从一个未知分布，每个样本都是独立从这个分布上采样获得的。一般而言，训练样本只是样本空间内一个很小的采样，基于独立同分布假设，希望小的训练集也能反映出样本空间的特性，并且训练样本越多，训练集越可能逼近真实的未知分布，越有可能通过学习获得具有强泛化能力的模型。因此，在构建数据集时，要注意样本的采样方式，应尽量符合算法真实工作的场景。

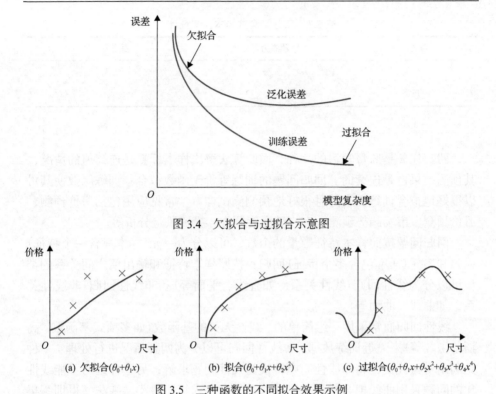

图 3.4 欠拟合与过拟合示意图

(a) 欠拟合($\theta_0+\theta_1 x$) (b) 拟合($\theta_0+\theta_1 x+\theta_2 x^2$) (c) 过拟合($\theta_0+\theta_1 x+\theta_2 x^2+\theta_3 x^3+\theta_4 x^4$)

图 3.5 三种函数的不同拟合效果示例

3.1.2 典型任务形式

1. 分类

分类是监督学习常见的一类任务。在分类问题中，模型预测的值是离散的，训练样本的标签也是离散的。分类问题可以分为二分类问题和多分类问题，二分类问题中样本的类别数只有 2 个，通常称为正类和反类；对于多分类问题，样本的类别数大于 2。实际的分类问题包括文本分类、垃圾邮件分类、图像分类、视频分类等。

常用的分类算法包括 K 近邻算法、感知机、朴素贝叶斯算法、决策树、支持向量机、线性分类器、贝叶斯网络、神经网络、随机森林等。

评价分类器性能的指标一般是分类准确率，对于给定的测试数据集，分类准确率指分类器正确分类的样本数与总样本数之比。如表 3.1 所示，对于二分类问题的分类准确率 $\mathrm{acc}=(a+d)/(a+b+c+d)$。

表 3.1　二分类测试样本预测统计

测试样本	预测为正类	预测为反类
正类	a	b
反类	c	d

2. 回归

回归任务是监督学习的一种，回归算法解决样本标签是连续值的情况，其预测结果也是连续的。回归问题的训练等价于函数拟合：训练函数使其可以很好地拟合训练样本并且很好地预测测试样本。常见应用包括房价预测、股价预测、市场趋势预测、客户满意度调查、投资风险分析等。

回归问题按照样本特征数量的个数，可以分为一元(样本只含一个特征)回归和多元(样本包含多个特征)回归；按照样本特征和输出值之间关系的类型可以分为线性回归(线性关系，如直线、平面等)和非线性回归(非线性关系，如曲线、曲面等)。

线性回归通常采用一组简单的、线性无关的基函数(如多项式基函数、高斯基函数等)来逼近训练数据。非线性回归可以分为两种情况进行处理：一种是利用变量代换，将非线性问题转换为线性问题求解；另一种是对不能线性化的问题采用曲线拟合的最小二乘法进行训练求解。最小二乘法使得训练集上预测值和真实值的误差平方和达到最小。

拟合效果可以采用均方误差、平均绝对误差等指标进行评估。

给定测试数据集 $D = \{(x_1, y_1), (x_2, y_2), \cdots, (x_m, y_m)\}$，其中 $y_i (i = 1, 2, \cdots, m)$ 是样本 x_i 的真实标签，训练模型为 f，对样本 x_i 的预测结果为 $f(x_i)$。那么，均方误差 MSE 为

$$MSE = \frac{1}{m} \sum_{i=1}^{m} (y_i - f(x_i))^2$$

平均绝对误差 MAE 为

$$MAE = \frac{1}{m} \sum_{i=1}^{m} |y_i - f(x_i)|$$

3. 聚类

物以类聚，人以群分,把事物分门别类是人类处理认识事物的常用方法。

聚类是根据样本的相似性将样本分为多类的过程。聚类的标准是同类中的样本相似性高，不同类之间的样本相似性低。聚类可以用于寻找样本内在的分布结构，也可以作为分类等任务的前序过程。聚类算法主要应用于数据压缩、假说生成与检验、基于分组的预测等方面。

聚类的形式化定义为：在特征空间 R 中，按照样本间的相似程度找到相应的子特征空间 $R_1, R_2, \cdots, R_C$，将训练集样本 $x_1, x_2, \cdots, x_m$ 归入其中一类，而不会同时属于两类，即

$$R_1 \bigcup R_2 \bigcup \cdots \bigcup R_C = R$$
$$R_i \bigcap R_j = \varnothing, \quad i \neq j$$

聚类的核心概念包括样本间距离或相似性度量、类间距离。设样本 $x_i = (x_{i1}, x_{i2}, \cdots, x_{id})$ 和 $x_j = (x_{j1}, x_{j2}, \cdots, x_{jd})$，常用的样本间距离或相似性度量包括闵可夫斯基距离 d_{ij}，表达式为

$$d_{ij} = \left(\sum_{k=1}^{d} | x_{ik} - x_{jk} |^p \right)^{1/p}$$

其中，$p \geqslant 1$。当 $p = 2$ 时称为欧氏距离；当 $p = 1$ 时称为曼哈顿距离；当 $p = \infty$ 时称为切比雪夫距离，此时 $d_{ij} = \max_k | x_{ik} - x_{jk} |$。

夹角余弦 s_{ij}：夹角余弦越接近 1，表示两个样本越相似；夹角余弦越接近 0，表示两个样本越不相似。夹角余弦的公式为

$$s_{ij} = \frac{\sum\limits_{k=1}^{d} x_{ik} x_{jk}}{\sum\limits_{k=1}^{d} x_{ik}^2 \sum\limits_{k=1}^{d} x_{jk}^2}$$

设类 G_p 和 G_q 间的距离为 $D(p, q)$，常用的类间距离度量如下所示。

最短距离：

$$D(p, q) = \min \left\{ d_{ij} \mid x_i \in G_p, x_j \in G_q \right\}$$

最长距离：

$$D(p, q) = \max \left\{ d_{ij} \mid x_i \in G_p, x_j \in G_q \right\}$$

中心距离：

$$D(p,q)=d_{ij},\ x_i为G_p中心,x_j为G_q中心$$

常见的数据聚类方法有层次聚类法、K-means 聚类法、高斯混合模型期望最大化(expectation maxmization，EM)算法等。

4. 数据降维

高维特征空间中会出现样本稀疏、距离计算困难等问题,称为维度灾难。因为在高维特征空间中,训练样本难以实现密采样,以保证测试样本附近任意小的距离范围内总能找到一个训练样本；此外,在高维空间计算距离会很麻烦。缓解维度灾难的一个重要方法是降维,通过数学变换将原始高维特征转变为低维空间,在这个低维空间上,样本的密度大幅提高,并且距离计算也更加容易。

数据降维采用某种映射方法,将原高维空间中的数据样本映射到低维空间。降维的本质是学习一个映射函数 $y=f(x)$,其中 x 是原始高维数据特征向量,y 是数据点映射后的低维向量表达,通常 y 的维度小于 x 的维度。$f(x)$ 可能是显式或隐式、线性或非线性函数。如图 3.6 所示,将二维特征空间的原始样本点降维至一维空间,成为一维特征面上的降维样本。

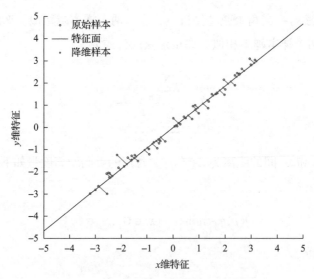

图3.6 二维特征空间降维至一维空间示例

常用的降维方法包括主成分分析、核化线性降维、流形学习、t 分布随机近邻嵌入(t-distributed stochastic neighbor embedding, t-SNE)等。

3.2　深度神经网络与对手行为预测

近年在监督学习中深度神经网络的研究取得重大进展,应用广泛。相比于浅层学习,深度学习的优势在于基于大量数据样本端到端训练模型,无须人工或手动设计特征提取,并且随着数据样本的增加,模型性能将得到稳步提升。

深度神经网络发展非常迅速,每年都有大量的理论研究论文从神经网络架构、学习方法、损失函数设计、网络可解释性等方面进行深入研究,同时也有大量的应用研究论文,来解决计算机视觉、语音、自然语言处理等领域内的实际问题。下面我们先介绍深度神经网络的几种基本网络类型,然后介绍深度神经网络在对手行为预测方面的应用。

3.2.1　深度神经网络

1. 多层感知器

多层感知器(multi-layer perceptron,MLP)是一种具有多个隐层、前向结构、全连接的人工神经网络,映射一组输入向量到一组输出向量。多层感知器包括输入层、隐层、输出层。多层感知器具有多个隐层,是单向前向通路,没有反馈回路,并且多层感知器的层与层之间是全连接的,上一层的任何一个神经元与下一层的所有神经元都有连接,如图 3.7 所示。网络训练采用反向传播算法计算损失函数的梯度,采用随机梯度下降等算法进行学习,更新网络参数。

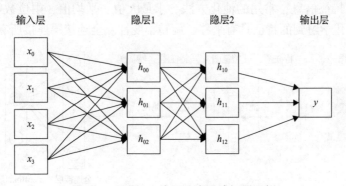

图 3.7　具有 2 个隐层的多层感知器示例

激活函数在神经网络中引入非线性，使神经网络能够更好地解决较为复杂的问题。常见的激活函数有 sigmoid 函数、tanh 函数、ReLU 函数、softmax 函数。

(1) sigmoid 函数是最常用的激活函数之一，其值的范围为 0~1。sigmoid 函数定义为 $f(z) = \dfrac{1}{1 + e^{-z}}$，函数形状为以 0.5 为中心的 S 形。

(2) tanh 函数值的范围为 -1~1，函数定义为 $f(z) = \dfrac{e^{2z} - 1}{e^{2z} + 1}$，函数形状为以 0 为中心的 S 形。

(3) ReLU 函数称为修正线性单元，也是最常用的激活函数之一，其值为 0~$+\infty$，函数定义为 $f(z) = \max(0, z)$。

(4) softmax 函数本质是 sigmoid 函数的泛化，常在网络的最后一层使用，用于执行分类任务，输出各类的概率。其函数定义为 $\sigma(z)_i = \dfrac{e^{z_i}}{\sum\limits_{j} e^{z_j}}$，表示输入属于第 i 类的概率，因此各类别的 softmax 函数值总和等于 1。

2. 卷积神经网络

卷积神经网络 (convolutional neural network, CNN) 主要由输入层、卷积层、池化层和全连接层组成，如图 3.8 所示。输入层对输入的数据进行预处理，从而得到模型统一的格式，常用的操作有去均值、归一化、主成分分析/白化等。卷积层用来进行特征提取，采用权重共享，使得网络的参数减少。池化层对输入的特征图像进行压缩，使特征图像变小，简化网络的计算复杂度，提取主要特征信息，常用的池化方法有求最大值、平均值、中位数等。通过卷积和池化学习到的特征具有平移、旋转不变性。全连接层连接所有的特征，

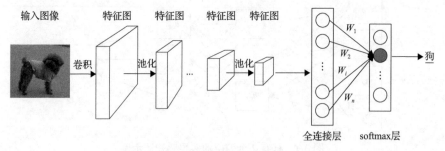

图 3.8 卷积神经网络分类识别过程示意图

并将其输出至分类器(如 softmax 分类器)。

在前向计算中，图像信息从输入层经过几层卷积和池化的变换后提取特征，被传送到全连接层，得到网络的输出，如各类别概率。在模型参数优化时，采用误差反向传播算法，将输出误差从输出层依次反向传递至每一层，利用梯度下降算法对每层参数进行优化。典型的卷积神经网络包括 LeNet-5、AlexNet、ZFNet、VGGNet、GoogleNet 和 ResNet 等。卷积神经网络非常适合处理图像数据，随着网络层数的增加，卷积神经网络能从原始图像中学习抽取有效的特征，被广泛应用于图像分类、目标检测、语义分割、游戏控制等任务。

3. 循环神经网络

循环神经网络(recurrent neural network, RNN)是一种通过隐层节点周期性地连接捕捉序列化数据中动态信息的神经网络，可以对序列化的数据进行处理。与其他前向神经网络不同，RNN 可以保存一种上下文的状态，甚至能够在任意长的上下文窗口中存储、学习、表达相关信息，而且不再局限于传统神经网络在空间上的边界，可以在时间序列上进行扩展。

RNN 一般采用时间反向传播(back propagation through time, BPTT)训练算法来解决非长时依赖问题。但如果递归神经网络的输入序列太长，则会导致反向传播求导的过程中梯度激增或降为零，形成梯度爆炸或消失问题。典型的 RNN 包括长短期记忆(long short-term memory, LSTM)网络[1]、门控循环单元(gated recurrent unit, GRU)[2]和双向 RNN[3]等。RNN 广泛应用于语言模型与文本生成、机器翻译、语音识别、图像描述生成、视频分类等任务。

如图 3.9 所示，在机器翻译中使用一个 RNN 来读取输入句子中每个字的词向量，将整个句子的信息压缩到一个固定维度的编码向量中；再使用另一

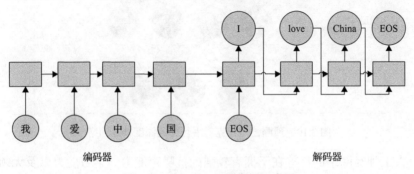

图 3.9　RNN 用于机器翻译示意图

个 RNN 读取这个编码，将其"解压"为目标语言的句子，实际为每个词向量的概率，这两个 RNN 分别称为编码器(encoder)和解码器(decoder)。

3.2.2　对手行为预测

深度神经网络在博弈对抗中经常用于预测对手的行为，如德州扑克游戏中采用多层感知器预测对手是否会加注、跟注或弃牌；在围棋和国际象棋中采用卷积神经网络预测专业棋手的走法等。对手的行为保存在历史的棋谱等记录中，描述了各种状态情况下采用的行为，这种状态-行为对就可以构成带有标签的数据集，用于监督学习训练模型。模型在此后遇到类似状态情况时，就可以对对手的行为进行预测，从而大大减少我方搜索的状态空间。

在德州扑克游戏中，人工神经网络可以用来预测对手玩家行为，并以此给博弈者提供决策信息。如图 3.10 所示，是一个预测对手行为的四层人工神经网络，采用表示游戏状态的元组(如公牌、手牌、下注信息、池底等)作为神经网络的输入，加注、跟注和弃牌等动作作为神经网络的输出。通过大量数据样本的训练，各层间的权重参数发生调整更新(图中连线部分)，训练完成后，在应用中将当前的牌局信息输入，可以较为准确地预测出特定对手的行为。

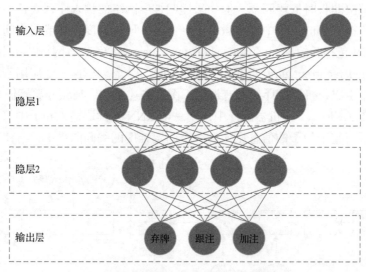

图 3.10　预测德州扑克对手行为的深度神经网络

人工神经网络的优势在于拥有较强的抗噪声能力、学习能力以及无须手工设计特征，对预测对手的行为具有较高的准确率。然而，人工神经网络通常都是需要较大的训练样本以及较长的训练时间，并且对人类来说，预测过程和结果通常难以解释和理解。

3.3　聚类算法与对手风格预测

3.3.1　聚类算法

无监督学习的典型例子是聚类算法。这里主要介绍层次聚类算法和 *K*-means 聚类算法。

1. 层次聚类算法

层次聚类算法假设类别之间存在层次结构，将样本聚到层次化的类中。层次聚类算法分为聚合聚类和分类聚类两种算法。下面主要介绍聚合聚类算法。

聚合聚类开始时每个样本各自属于一类，之后将相距最近的两类进行合并，建立一个新的类，重复此过程直到满足停止条件，最终得到层次化的类别，如图 3.11 所示。分类聚类开始将所有的样本分到一个类，之后将已有类中相距最远的样本分到两个新的类中，重复此操作直到满足停止条件，最终得到层次化的类别。聚合聚类算法的优点在于距离和规则的相似度容易定义，限制少，不需要预先设定聚类数，可以发现类的层次关系；其缺点是计算复

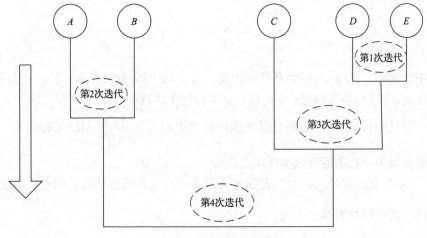

图 3.11　聚合聚类过程示例

杂度较高，奇异值(噪声)也能产生很大影响。

假设训练集 $D = \{x_1, x_2, \cdots, x_m\}$，聚合聚类算法的步骤如下所示。

(1)计算 m 个样本两两之间的欧氏距离 d_{ij}；

(2)构造 m 个类别，每个类包含一个样本；

(3)合并类间距离最小的两个类，类间距离为两个类之间样本的最小距离，构建一个新类；

(4)计算新类与当前各类的距离，如果类的个数变为1，则终止计算，否则回到步骤(3)。

2. *K*-means 聚类算法

K-means 聚类算法是基于距离的聚类算法，采用距离作为相似性测度，即假设两个对象的距离越近，其相似度就越大。该算法认为簇是由距离靠近的对象组成的，因此把得到紧凑且独立的簇作为最终目标。*K*-means 聚类算法原理简单、易于实现且收敛速度快，聚类效果也比较好；算法的限制在于需要预先确定分类的类别数 K，并且由于是启发式迭代算法，不能保证收敛到全局最优，初始中心的选择会直接影响距离结果。

K-means 聚类算法的过程步骤如下所示。

(1)随机选择初始 K 个样本作为初始的聚类中心 $a = a_1, a_2, \cdots, a_K$。

(2)针对数据集中的每个样本，计算到 K 个聚类中心的距离，并将其分到距离最小的聚类中心所对应的类中，距离计算方法可以采用闵可夫斯基距离：

$$d(x_i, x_j) = \left(\sum_{u=1}^{n} |x_{iu} - x_{ju}|^p \right)^{1/p}$$

其中，$p \geqslant 1$，当 $p = 1$ 时为曼哈顿距离，当 $p = 2$ 时为欧氏距离；x_i、x_j 分别为样本 i 和 j 的特征向量；n 为每个样本所包含的特征数。

(3)针对每个类，重新计算该类的聚类中心 $a_i = \frac{1}{|c_i|} \sum_{x \in c_i} x(i = 1, 2, \cdots, K)$，即新的聚类中心为所有该类样本的质心。

(4)重复步骤(2)和(3)，直到 K 个聚类中心收敛或达到规定的迭代次数。

3.3.2　对手风格聚类

在博弈中大多数参与者都有策略上的偏好，例如，有的参与者选择保守策略，有的参与者偏好激进策略，或者更加高明的参与者会灵活切换策略偏好，让对手难以琢磨和预测。参与者的选择偏好在博弈过程中会通过具体的决策行为表现出来，这些行为会导致决策概率分布的变化，通过分析这一概率分布，可以将对手的风格进行分类。对手风格分析不需要对手的标签，只需要对手的行为数据，就可以自动将具有相似行为模式的对手进行分类。针对对手的风格类型就可以制定针对性的策略，攻其不足，进而击败对手。

以德州扑克为例，基于策略偏向对手模型大致分为三大类，即激进型、常规型和保守型。激进型的对手下注或加注的频率一般都较高，下注的额度也比较大。这类对手通过加注行为使自己的底牌无法被预测。常规型对手在手牌比较好的时候进行选择性的加注，这类对手的手牌比较容易预测。而保守型对手，弃牌的频率比较高，不愿意承担风险。

以即时策略游戏为例，对手可以分为进攻型和防守型，进攻型对手会倾向于建造更多的用于进攻的建筑和兵力，升级进攻方面的科技；而防守型对手会倾向于建造更多的防守建筑和更少的兵力，如建造很多防御塔，升级防御科技。根据对建筑种类和数量、科技类型、兵力种类和数量等这些特征进行聚类，可以大致将对手划分至这两类。如表 3.2 所示，假设从大量游戏录像数据中统计出进攻建筑数、防守建筑数和兵数三类特征。

表 3.2　即时策略游戏对手样本数据

特征	玩家 1	玩家 2	玩家 3	玩家 4	玩家 5	玩家 6	玩家 7	玩家 8	玩家 9	玩家 10
进攻建筑数	8	3	2	7	9	2	4	6	8	4
防守建筑数	3	10	12	2	1	15	14	2	0	16
兵数	30	15	20	34	35	16	17	33	32	12

通过对样本进行 K-means 分类，设置 $K=2$，画出样本的分类情况和聚类中心。由图 3.12 可以看出，这 10 个玩家可以较为清晰地分为两类（每一类的中心由 "×" 表示），每一类在特征空间基本比较集中，左边这一类玩家可以定义为防守型玩家，右边这一类玩家可以定义为进攻型玩家。当在线博弈时，根据统计的新玩家的样本数据，可以计算该样本到聚类中心的距离，将样本分类到近的聚类中心所在类，从而得知玩家的风格，进而制定我方策略。

对比神经网络建模方法，基于聚类的对手建模方法的高明之处在于不仅仅关注于对手某一信息集下的具体行为，还将对手分类，每类对手都具有鲜明的策略特征和弱点。

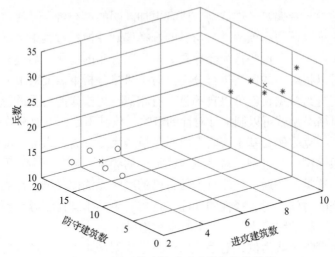

图 3.12　即时策略游戏对手风格聚类结果

3.4　深度伪造与应对反制

自从 2017 年深度伪造横空出世以后，人们认识到 AI 在造假方面简直天赋异禀。此后以生成对抗算法为代表的 AI 生成内容技术的突飞猛进更加印证了这一事实。深度伪造不仅包括 AI 换脸，还包括 AI 自动生成文本、语音、图像、视频等一切数字内容。以假乱真，AI 生成内容技术在隐私侵犯、威胁信息安全、操纵政治选举等方面给人类社会生活带来了全新挑战。

3.4.1　深度伪造技术发展

深度伪造(deepfake)是英文 deep learning(深度学习)和 fake(伪造)的组合词，一开始专指基于深度学习的人像合成技术，由于深度伪造最常见的方式就是在视频中把一张脸替换成另一张脸，因此也被称为"人脸交换"技术，如图 3.13 所示。随着技术的进步，其内涵在不断扩展，现被用来泛指利用人工智能相关技术自动生成真伪难辨的虚假内容，实现图像、音频、视频、文本等各类型信息媒介的模拟和伪造。

1. 深度伪造的发展

针对图像、视频的伪造技术早已出现，利用计算机领域的多媒体处理技术

图 3.13　蒙娜丽莎画像表情生成

就能制作虚假的影像，早在 2011 年互联网上就已出现伪造的奥巴马讲话视频，但当时很容易被鉴别。2017 年 12 月，国外社交网站上一位名为 "Deepfake" 的用户发布了一段利用名人面孔合成的色情视频，引发各界关注。由于其娱乐性和社交媒体的助力，深度伪造产品开始在全世界快速传播。起初，深度伪造产品可以通过图像中的伪影或者视频中人物五官、眨眼频率等特征分辨出来，随着技术不断演进，无论是实现 "制伪" 的计算能力还是逼真程度都有了很大提升。例如，2019 年 5 月，美国众议院议长南希·佩洛西(Nancy Patricia)谈论总统特朗普的一段视频遭到恶意篡改；2019 年 8 月，国内出现一款产品 ZAO，用户只需要上传一张照片，几秒钟就能 "出演" 电影；2019 年 9 月，英国出现世界首例 AI 诈骗案，骗子使用伪造音频冒充老板声音，电话骗取某公司 173 万元。这些伪造的逼真度越来越高，让人难以分辨真假。

　　目前，深度伪造已经发展为包括视频伪造、声音伪造、文本伪造和微表情合成等多模态视频欺骗技术，由最初的操纵单模态媒体(包括音频、图像、视频和文本)向操纵多模态媒体转变，呈现出 "算法自动生成、制作成本和门槛较低"、"产品逼真而多元，识别难度大" 和 "与社交媒体结合、传播速度快" 等特点。虚假租赁广告、视频对话替换、虚假交友信息等技术中都融合了多模态的欺骗技术。

　　2. 深度伪造带来的问题与威胁

　　深度伪造技术作为人工智能领域一个新的分支，可以为商业发展、艺术创作等领域提供新的发展空间，但是鉴于其以假乱真的技术本质以及当前的泛滥形势，这项技术对于国家安全和社会稳定将会带来更多挑战。

(1)深度伪造将给国家安全带来新的风险。敌对国家出于政治动机可能发布包含公众人物的煽动性言论或不当行为的虚假视频，"有图有真相"地破坏国家领导人和政府在公众中的形象，进而煽动暴力活动，干扰政治选举，攻击政治进程；还可能用于胁迫掌握机密信息的官员或其他人员，破坏国家政治稳定。

(2)深度伪造将给社会安全带来新的风险。深度伪造技术制造和投放虚假信息，易使受众群体产生"眼见未必为实、有图未必为真"的负面影响，从而可能引发全社会范围内的信任危机，在经济、司法、公共安全等领域也可能造成较大的破坏。

(3)深度伪造将给反恐维稳带来新的挑战。恐怖分子可能借助这一技术利器，更方便快捷地开展恐怖行动，形成"网络恐怖主义"的高级阶段——"深度伪造恐怖主义"，即利用深度伪造技术制作虚假的视频、音频等，并借助互联网和社交媒体快速传播，引发社会动荡。

3. 深度伪造技术原理

"深度造假"通常利用机器学习技术，尤其是自编码器、生成对抗网络(generative adversarial network, GAN)技术制作虚假内容。自编码器是一种神经网络模型，由编码器和解码器两部分组成。由于输入层和输出层具有相同的节点数和数据维度，且均多于中间编码层，因此该网络能够通过降维的方式在输出层重构输入层的数据。生成对抗网络技术让两个神经网络彼此对抗，一个是生成网络，负责制作尽可能逼真的假内容；另一个是判别网络，负责区分真实内容和虚假内容。基于每一次的"对抗"结果，生成网络会调整网络参数，通过不断训练迭代到生成网络成功欺骗判别网络为止，以提高算法拟合真实内容的准确性。

以换脸伪造为例，主要分为以下过程。

(1)人脸定位：人脸定位技术已经非常成熟，一般定位算法可以生成人脸的特征点，如眼睛、眉毛、鼻子、嘴和下巴等，如图3.14所示。这些定位点是原人脸的表情特征描述，可以直接通过dlib和OpenCV等主流的工具包直接抽取，一般采用经典的梯度方向直方图(histogram of oriented gradients, HoG)的脸部标记算法，根据像素亮度差找到人脸显著的特征点。

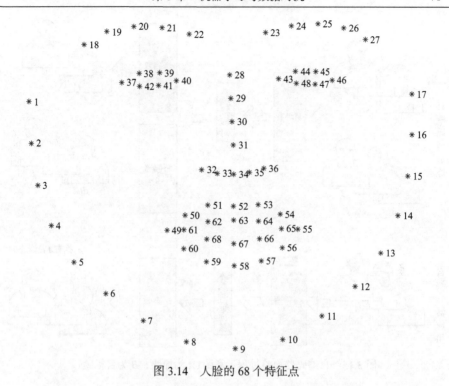

图 3.14　人脸的 68 个特征点

（2）人脸转换：采用自编码器、生成对抗网络等生成模型，生成拥有原脸表情的假脸。首先采用自编码器，编码器通过无监督的方式将人脸图像压缩编码到短的特征向量，再由解码器将短的特征向量恢复到人脸图像。短的特征向量就包含了人脸图像的主要信息，例如，该向量的元素可能表示人脸肤色、眉毛位置、眼睛大小、下巴位置等。具体来说，先采用大量人脸训练学习通用编码器，再对目标脸训练学习专用解码器。例如，采用通用编码器编码原脸，生成短的特征向量，再使用目标脸的专用解码器解码这个短的特征向量，就能生成拥有原脸的人脸表情，但却是目标脸的图像。图 3.15 给出了采用自编码器换脸的过程示意图，其中 A 为原脸，B 为目标脸。

自编码器为了使生成模型性能达到最佳，有时会刻意逼近真实数据，导致泛化能力不足。生成对抗网络以隐式概率分布函数为基础，更为深入地学习真实样本的分布，效果比自编码器更好。生成对抗网络能够实现图像风格的迁移，在人脸中实现表情的迁移，同时采用判别器区分根据原脸特征点生成的人脸和真实人脸，如果生成数据和真实数据具有相同分布，判别器无法区分真假，那么生成的人脸就非常真实，能够欺骗大多数人。

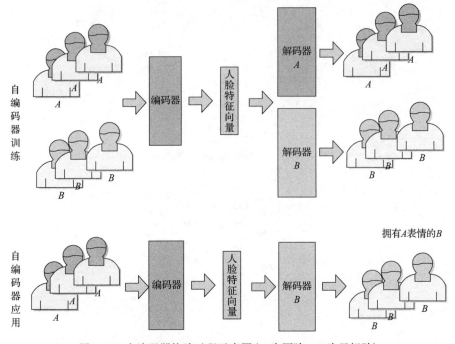

图 3.15　自编码器换脸过程示意图（A 为原脸，B 为目标脸）

（3）图像拼接：人脸融合原图的背景，从而达到只改变人脸的效果。针对视频，需要一帧帧地处理图像，然后将处理后的结果重新拼接成视频。由于生成出来的是一个正方形人脸图像，需要与原图进行融合，融合方法包括直接覆盖、遮罩覆盖、泊松克隆。从效果而言，遮罩覆盖与泊松克隆的效果较好，二者各有千秋，遮罩覆盖边缘比较生硬，泊松克隆很柔和，其单图效果要优于遮罩覆盖，但是由于泊松克隆会使图像发生些许位移，因此在视频合成中会产生一定的抖动。

3.4.2　深度伪造应对与反制

深度伪造技术带来的风险与挑战引起了各国的高度重视，如何应对，主要有两个层面的措施：一是技术层面，反深度伪造技术应运而生；二是从法规的角度，进行立法，明令禁止、惩戒深度伪造的犯罪。

1. 反深度伪造的技术发展

反深度伪造技术是指对深度伪造信息的检测和鉴别技术，主要从数字水印坏损、生物特征异常、音视频异常、语义异常、区块链标识等方面检测分析媒体内容来确定其可信度,鉴别深度伪造的各类信息产品。反深度伪造技术途径如下所示。

(1) 识别伪造视频、音频之间的不一致;

(2) 确定抓取的图像和视频完整性并给出取证信息;

(3) 给多媒体内容加数字水印,识别数字水印是否坏损;

(4) 追踪视频内容的来源出处为视频内容提供真实性证明;

(5) 识别人脸、人体运动等生物特征的异常;

(6) 通过语义分析来识别异常的表达;

(7) 采用区块链技术标识数据,防止篡改;

(8) 基于多信息源、多角度分析可能存在的自相矛盾等。

与深度伪造技术相对成熟、已有商业应用相比,反深度伪造技术仍处于起步阶段,美国国防部和行业巨头正在大力推进研究。主要举措包括:①设立项目,如美国 DARPA 先后发起了"媒体取证"(media forensics)和"语义取证"(semantic forensics)项目,开发自动化检测软件和完整性验证系统。"媒体取证"项目寻求开发自动分析照片和视频完整性的算法,并向分析人员提供如何生成虚假内容的信息,已开发识别出"深度造假"中视频音频不一致的技术。"语义取证"项目试图开发自动检测、定性和表征各种类型"深度造假"内容的算法,对语义上的不一致进行分类,并将可疑的"深度造假"进行排序,以供人工检查。②组织深度伪造对抗技术挑战赛,如 Facebook 和微软斥资 1000 多万美元举办"Deepfake 检测挑战赛"等。③提供开源平台和数据集,如 GitHub 开源项目 Deepfakes,以及谷歌发布的 Deepfake 视频识别数据集和合成语音数据集等。

2. 反深度伪造的法规推进

在法规层面,国内外都在研究制定限制深度伪造技术滥用的法律法规,提出完善发布审核标准、培训内容审核员等建议。2019 年 4 月,十三届全国人大常委会第十次会议开始审议《民法典人格权编(草案)》二审稿。草案提出,民法应禁止任何人以基于人工智能(AI)的"深度伪造"(deepfake)技术替换网络视频中的人物面部,以保护肖像权。2019 年 6 月,美国众议院提出了《深度伪造责任法案》(*Deep Fakes Accountability Act*),法案的目标是阻止"国外和国内参与者的选举干扰"。2019 年 7 月,美国弗吉尼亚州正式生效《非同意色情法》(*Nonconsensual Pornography Law*)的修正案，修正案中纳入了深度伪造内容并对其进行法规化管理。2019 年 10 月，美国加利福尼亚州通过两项立法，禁止发布、传播深度伪造视频，如有发现自己的头像被用于深度伪造可提起诉讼。2019 年 11 月，美国布鲁金斯学会发布《深度伪造无法检测时的应对之策》，强调针对深度伪造的立法，明确媒体平台、创作者等的责任，制定切实可行的处罚措施。

3.5　对抗机器学习

机器学习自出现之初就因其优异的性能，广泛应用于各种分类和回归任务。随着深度学习的提出，这一领域更是得到前所未有的蓬勃发展。目前，深度学习在计算机视觉、语音识别、自然语言处理等复杂任务中取得了已知最好的结果，已经被广泛应用于自动驾驶、人脸识别、安全监控、军事对抗等领域。

与很多实用性技术一样，机器学习，特别是深度学习，同样面临着严峻的安全性考验。从早期的垃圾邮件过滤程序开始，已经体现出对抗的思想，其本质是双方的对抗博弈：一方面，垃圾邮件制造者想方设法躲避过滤程序的筛选；另一方面，过滤程序又尽可能正确地筛选出垃圾邮件。2014 年，Szegedy 等首次提出针对图像的对抗样本，将计算得到的扰动噪声加入原始图像，使得原本能够正确分类原始图像的分类器产生错误分类。如图 3.16 所示，左边是一张能够被 GoogLeNet 正常分类为熊猫的图像，在添加一定的噪声后变成右图，在人的肉眼看来，还是熊猫，但 GoogLeNet 会判定为长臂猿。这种被修改后人类无法明显察觉却使机器识别错误的数据样本称为对抗样本，而这整个过程可以理解为对抗攻击。这一发现揭露了深度学习技术在安全方面的极大缺陷，从而使得人们更加谨慎地看待深度学习在实际中的应用。

 + 0.007×  =

图 3.16　深度神经网络攻击示例[4]

　　随后的研究进一步发现，不仅是像素级别的扰动，真实世界中的扰动即便通过摄像机采集，也具有攻击性。例如，停车标志若被附加一些贴纸或涂鸦，便会被交通标志识别系统错误识别为限速标志[5]；一个人戴上一副特制的眼镜，就被人脸识别系统错误地识别为另一个人[6]。这些方法的缺点在于人类很容易发现是对算法的攻击。而在常见的对深度学习的对抗样本攻击中，通过最小化或限制扰动的幅度，使得新图像看起来和原始图像一样，这在物理域中还难以实现和验证。但是如果这些对抗攻击方法被用来干扰自动驾驶、人脸识别、军事目标识别等应用系统，后果将不堪设想。

　　以对抗样本生成和防御为核心的对抗深度学习是机器学习攻防对抗领域目前最受关注的研究热点之一。研究人员提出了一系列的攻击和防御方法，然而随着各种攻击方法的产生，提出的防御方法看似抵御了这些攻击，但是新出现的攻击却又轻而易举地躲避了这些防御方法。研究在不断发展，但仍距真相甚远。这是因为一旦涉及深度学习，问题就变得极端复杂。至今，人们仍不完全清楚神经网络的特性。甚至有研究指出，基于神经网络完成的分类任务仅是靠辨别局部的颜色和纹理信息，这使得自然的对抗样本，即便不是人为加入的扰动，而是真实采集到的图像，也能够成功地欺骗神经网络。许多学者认为神经网络只是学习了数据，而非知识，机器学习还无法像人一样学习。这项难题的最终解决，或许依赖于对神经网络的透彻理解，以及对神经网络结构的改进。清楚神经网络内部的学习机制，并据此进行改进，才能真正解决目前神经网络对于对抗攻击的脆弱性。

3.5.1　对抗机器学习分类

　　经典机器学习从原始数据开始，原始数据可以是一组文件带有相关的标签；然后处理该原始数据，从每个实例中提取数值特征，获得相关的特征向量，构造训练数据集；最后基于学习算法输出一个模型，该模型可以是数据的数学模型(如数据分布概率模型)，也可以是预测未来实例标签的函数，在实际应用中将使用训练好的模型处理分类、聚类、识别、控制等任务。值得注意的是，深度学习算法一般不需要显式地提取原始数据的特征。

　　对抗机器学习从攻击时机的角度主要分为训练时攻击和决策时攻击，如图 3.17 所示。训练时攻击一般采用数据投毒攻击，投毒攻击发生在模型接受训练之前，修改了用于训练的部分数据。决策时攻击是对模型的攻击，或者更准确地说，对所学模型做出决策的攻击，假设模型已经被学习，攻击者现在要么改变其行为，要么改变观察到的环境，以使模型做出错误的预测。针对上述攻击方式，产生相对应的防御技术。

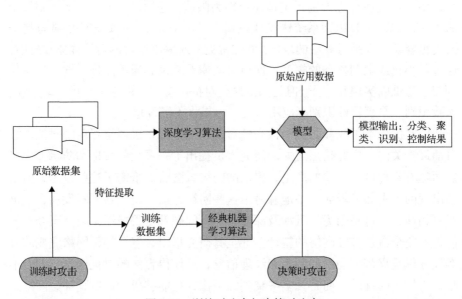

图 3.17　训练时攻击与决策时攻击

此外，还可以从其他三个角度进行分类。

对抗机器学习从具体方法的角度可以分为对抗监督学习、对抗无监督学习以及对抗强化学习。对抗监督学习主要包括回归和分类学习的攻击与防御技术；对抗无监督学习主要包括聚类和异常检测的攻击与防御；对抗强化学习主要包括传统强化学习的攻击与防御和现代深度强化学习的攻击与防御。

机器学习从攻击信息的角度可以分为白盒攻击和黑盒攻击。白盒攻击假定模型(决策攻击时)或算法(投毒攻击时)被对手完全了解；而在黑盒攻击中，对手对这些信息的了解有限或完全不了解，尽管可以通过查询间接获得一些信息。

机器学习从攻击目的的角度可以分为针对性攻击和可靠性攻击。在针对性攻击中，攻击者的目的是在特定性质的特定实例上造成错误(例如，导致已学习的函数 f 在实例 x 上预测一个特定的错误标签)。相反，可靠性攻击旨在通过最大化预测误差来降低学习系统的感知可靠性。

3.5.2　主要技术分析

对抗机器学习主要技术包括数据投毒攻击、数据投毒防御、经典机器学习决策时攻击、经典机器学习决策时防御、深度神经网络攻击、深度神经网络防御等。前两项技术属于训练时攻击与防御，后四项技术属于决策时攻击与防御。对抗机器学习方法分析如表 3.3 所示。技术分析主要参考对抗机器学习相关文献[7,8]。

表 3.3　对抗机器学习方法分析

序号	攻击防御方法	拟解决问题	研究方法和技术手段	目的
1	数据投毒攻击	如何修改机器学习训练数据问题	标签修改攻击、中毒数据插入攻击、数据修改攻击、多次迭代攻击	在针对性攻击中，攻击者希望诱导实例出现目标标签或决策。在可靠性攻击中，攻击者希望最大化预测或决策误差
2	数据投毒防御	如何对抗数据投毒攻击	数据二次采样方法、离群点去除方法	防御有毒的训练数据影响模型训练
3	经典机器学习决策时攻击	如何修改被决策实例的属性问题	白盒攻击、黑盒攻击	在针对性攻击中，攻击者希望特定实例出现目标标签或决策。在可靠性攻击中，攻击者希望对实例最大化预测或决策误差，导致错误决策结果
4	经典机器学习决策时防御	如何对决策时的攻击方法进行防御	鲁棒学习	获得更加鲁棒的模型
5	深度神经网络攻击	如何修改实例导致深度神经网络模型失效问题	范数攻击、物理世界可行攻击	对实例改动较小，可以指导物理世界中对深度神经网络实施针对性和可靠性的攻击
6	深度神经网络防御	如何防御深度神经网络的攻击问题	鲁棒优化方法、迭代再训练方法、蒸馏方法	训练完的模型能够抵御各类深度神经网络的攻击

1. 数据投毒攻击

数据投毒攻击通过直接干预训练数据来攻击学习算法，主要有标签修改攻击、中毒数据插入攻击、数据修改攻击、多次迭代攻击等四种攻击方式。标签修改攻击允许对手只修改监督学习数据集的标签，一般需要满足总体修改代价的约束（如改变的标签数量的上界），攻击的常见形式为标签翻转攻击，主要用于攻击二元分类器。中毒数据插入攻击中，攻击者可以加入限定数量的任意中毒特征向量，并附带可控或不可控的标签。当然，在无监督学习情况下，不存在标签，对手可能只污染原始采集数据或特征向量。数据修改攻击中，攻击者可以修改训练数据集的任意子集的特征向量和（或）标签。多次迭代攻击中，假设防御者迭代训练学习模型。通过每次注入少量的有毒数据，迭代训练时为攻击者提供了暗中误导模型的机会。虽然在每一次再训练迭代中有毒数据只会造成极小的影响，但是这种攻击的影响是随着时间递增的，最终会非常显著。多次迭代攻击可以应用于有监督学习和无监督学习。

数据投毒攻击基本过程如下。

首先，建立数据投毒攻击模型。数据投毒攻击一般从一个干净的训练数据集开始，将这个数据集表示为 D_0，并将它转化为另一个数据集 D。然后，学习算法在 D 上训练。和决策时攻击一样，攻击者可能有两类目的：针对性攻击和可靠性攻击。在针对性攻击中，攻击者希望诱导目标实例集 S 中特征向量集合的目标标签。在可靠性攻击中，攻击者希望最大化预测误差。

攻击者在向数据集投毒时需要折中两个问题：达到恶意目标和最小化修改代价。前一项表示为攻击者的一般风险函数 $R_A(D,S)$，这个函数通常随学习参数 w 变化，w 是在中毒训练数据 D 上训练得到的参数。风险函数对 S 的依赖通常会被忽略。代价函数表示为 $c(D_0,D)$。

攻击者的优化问题一般表示为

$$\min_D R_A(D,S) + \lambda c(D_0,D)$$

或者指定外部修改代价 C，即

$$\min_D R_A(D,S)$$
$$\text{s.t.}\ \ c(D_0,D) \leqslant C$$

攻击者的目标是从 D_0 中创造一个新数据集 D，成为新的训练数据集。要求解此模型，需要转化为一个双重优化问题，同时优化模型参数 w 和数据集 D，即

$$\min_D R_A(w(D)) + \lambda c(D_0,D)$$
$$\text{s.t.}\ \ w(D) \in \arg\max_w \sum_{i \in D} l_i(w) + \gamma \rho(w)$$

其中，$l_i(w)$ 是数据点 i 上的损失；$\rho(w)$ 是正则项。

如图 3.18 所示为一个简单的数据投毒示例，四个圆代表干净的数据，使用这些数据可以采用线性回归学习真实模型。攻击者可以通过加入一个三角

形的投毒数据点，使得该数据集中毒，从而得到一个与真实模型差别很大的中毒模型。

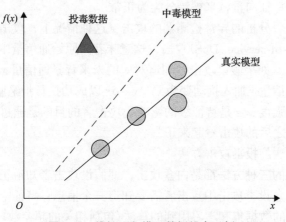

图 3.18　线性回归模型数据投毒示例

1) 二元分类器的投毒攻击方法

标签翻转攻击：改变训练数据中一个数据点子集的标签，是一种最基本的数据投毒攻击方法。在这种攻击中，攻击者的目的通常是最大化模型在干净训练数据（即未经修改的数据）上的误差。这是一种可靠性攻击。标签翻转攻击假设数据集需要外部标记（例如，获取钓鱼电子邮件数据的标签）。因此，攻击只能污染收集的标签，不能污染特征向量。

对核支持向量机的中毒数据插入攻击：针对核支持向量机选择的特征向量，对手插入一定数量的数据点，但不能控制分配给这些数据点的标签。例如，一个垃圾邮件制造者可以选择发送的垃圾邮件的性质，同时会认识到这些垃圾邮件将来可能用来训练自动检测垃圾邮件的分类器。

2) 聚类算法的投毒攻击方法

针对可靠性攻击，在层次聚类中期望通过给数据集加入一批数据点 C，最大限度地扭曲原始聚类分配结果。方法是一次加入一个数据点，连接一对邻近聚类。将分属于不同聚类的任意两点间最短的连接定义为最短距离。在其间加入数据点很可能融合这两个聚类。因此，通过反复地加入数据点，可以大大扭曲原始聚类分配结果。对于针对性攻击，期望诱导一批特定的数据点错误聚类，但不影响其他数据点的聚类分配结果。

3) 异常检测的投毒攻击方法

对在线质心异常检测的攻击：这种攻击属于多次迭代攻击。假设随着新数据的收集，异常检测器定期再训练，并且对手在两次再训练迭代之间加入数据点。这种攻击中，攻击者有一个期望在将来使用的目标特征向量 x_T，并想要确保这一特征向量将来被错分类为正常。

基于主成分分析的异常检测器的攻击：这种情况下，攻击者旨在执行拒绝服务(denial-of-service, DoS)攻击，这意味着向原始通信量中加入了一定数量的异常通信。如果假设攻击者知道对应的未来背景通信量 x，那么攻击者需要将这一通信量 x 加入扰动变为 $x' = x + \delta z$ 以成功执行拒绝服务攻击，其中 δ 是攻击者的强度，z 是特征级的影响。攻击者的目的是通过偏移或伸缩异常检测器使得之后的攻击看起来正常。

4) 黑盒算法的投毒攻击方法

前面介绍的三种方法都是白盒攻击，即假设攻击者知道正在攻击系统的所有信息。白盒投毒攻击中攻击者需要知道三个信息：特征空间、学习被投毒攻击前用到的数据集和学习用到的算法(包括相关的超参数)。

黑盒攻击是在不知道详细信息的情况下，进行投毒攻击。黑盒攻击可以使用代理算法，评估正在使用算法对投毒攻击的鲁棒性。如果特征空间未知，可以使用代理特征空间，即使这严重限制了攻击者拥有的信息。然而，最重要的限制可能是对于被投毒数据集的信息贫乏。如果代理数据只是学习使用数据的一部分，攻击者仍有可能在数据集中修改实例(包括标签)。但当无法接触到训练数据时这样的攻击明显不可行。此外，代理数据不能代表学习使用的真实训练数据时，投毒攻击的有效性必然会降低。即便如此，投毒攻击仍然可行。

2. 数据投毒防御

数据投毒防御主要采用鲁棒学习的方式进行应对和解决。鲁棒学习定义为：从 n 个有标记样本的干净训练数据集 D_0 开始，假设数据集 D_0 的一个未知比例 α 被随意破坏(其中特征向量和标签都可能被破坏)，得到一个受损的数据集 D。目标是在受损数据集 D 上学习模型 f，使其和在干净数据集 D_0 上学到的模型 f_0 具有相同的预测精度。具体来说，有以下两种鲁棒学习方法。

1) 数据二次采样方法

数据二次采样方法是 Kearns 和 Li 于 1993 年提出的最早鲁棒分类方法。设置数据集 D 中比例为 α 的中毒实例。首先，对该数据集(假设至少有 Km 个实例)进行 K 次数量为 m 的二次采样，生成子样本集。接下来，分别在 K 个子样本集上学习训练模型和计算误差。最后，返回具有最小误差的模型。

2) 离群点去除方法

离群点去除方法试图在学习开始前，从训练数据中识别和去除恶意实例。具体来说，去除离群点有多种方法，如迭代离群点去除方法、微模型净化数据方法、拒绝负面影响方法等。

3. 经典机器学习决策时攻击

经典机器学习决策时攻击经过训练检测器来区分良性和恶意实例、对手操纵实例的性质，例如，引入巧妙的单词拼写错误或代码区域替换，以便被错误分类为良性，如对垃圾邮件、网络钓鱼和恶意软件检测器的对抗规避。

经典机器学习决策时攻击是对机器学习模型的攻击，而不是对算法的攻击。例如，线性支持向量机和感知器算法都会产生一个线性分类器，其特征权重为 w。从决策时攻击的角度来看，只关心最终结果 $f(x)$，而不关心生成它的算法。讨论决策时攻击时，只有模型的结构与之相关。

在典型的决策时攻击中，对手与特定对象相关联，这些对象被学习模型标记为恶意。作为回应，对手对对象进行修改，以实现两个目标：①实现恶意目标，如危害主机；②显著降低被所学模型标记为恶意的可能性。例如，邮件发送者创建了一个垃圾电子邮件，由 $x_{spam} = 0.8$ 表示，模型 $g(x_{spam}) = 0.5 > 0$ 表示一个垃圾邮件。在攻击中，邮件发送者会针对识别模型修改垃圾电子邮件内容，使其对应的数值特征 x' 下降，确保生成的 $g(x') < 0$，使得具有特征 x' 的垃圾邮件被分类为正常邮件，从而使得垃圾邮件识别模型失效。

经典机器学习决策时攻击所涉及的技术包括白盒攻击技术和黑盒攻击技术。

白盒攻击包括对二元分类器的攻击、对多类分类器的攻击、对异常检测器的攻击、对聚类模型的攻击、对回归模型的攻击和对强化学习的攻击等。一般来说，首先采用常用规避代价建模方法（如使用 L_p 范数距离）建立攻击优化模型；其次采用梯度下降或整数线性规划等方法计算最优攻击或者寻找最坏情况近似保证收敛的算法。

黑盒攻击包括攻击者信息获取建模和使用近似模型攻击等。黑盒攻击时攻击者只有学习系统的部分信息，此时面临两个核心问题：①攻击者如何对拥有的系统部分信息进行分类，以及利用这些信息可以实现什么；②攻击者如何建模获取信息的方式。通过描述黑盒决策时攻击的综合分类法可以解决第一个问题。分类法集中于攻击者可能拥有的关于模型的信息，包括使用的数据集、特征空间、模型算法等。基于黑盒查询框架，对手可以获得关于学习模型的信息解决第二个问题，例如，攻击者拥有黑盒查询访问权，通过黑盒查询可以提交特征向量 x 作为输入，并观察学习器指定的标签 $f(x)$。在此基础上可以使用近似模型进行攻击。

4. 经典机器学习决策时防御

使机器学习对决策时攻击具有鲁棒性的大多数技术都涉及修改训练过程以获得更加鲁棒的模型。经典机器学习决策时防御主要研究监督学习下的鲁棒学习，以防御决策时攻击，主要包括分类器的鲁棒学习、线性回归的鲁棒学习等。

决策时攻击表示为一个函数 $A(x; f)$，将特征向量与学习模型一起映射到新的特征向量，使用原始特征向量转换的新特征向量，以改变学习函数 f 的预测标签。在给定函数 f 的情况下，期望的对抗经验风险为

$$R_A(f) = E_{(x,y)} P[l(f(A(x; f)), y) \mid (x, y) \in S] \Pr_{(x,y) \sim P} \{(x, y) \in S\}$$
$$+ E_{(x,y)} P[l(f(x), y) \mid (x, y) \notin S] \Pr_{(x,y) \sim P} \{(x, y) \notin S\}$$

其中，P 为训练数据或者采样数据分布；S 为对抗目标集。

对抗风险函数分为两部分：一部分对应于对抗实例，其行为符合函数 $A(x; f)$ 描述的模型；另一部分对应于未修改的非对抗实例。目标是求解对抗经验风险最小化问题：

$$\min_{f \in F} R_A(f)$$

可以将上述决策时防御建模为 Stackelberg 博弈。博弈中，防御者先行动，选择将一个实例标记为恶意的概率，然后攻击者选择最优的规避策略，并在此基础上求解 Stackelberg 均衡。

5. 深度神经网络攻击

深度神经网络对输入上微小的对抗改变具有脆弱性，虽然这些示例最初只被认为是鲁棒性测试，而非模拟真实攻击，但是针对深度神经网络的攻击与防御逐渐成为研究热点。

深度学习使用神经网络学习模型，在生成最终结果前，将输入的特征向量经过很多层的非线性变换直到输出。对分类来说，最终结果是所有类上的

概率分布；对回归来说，结果是实值预测。形式上，特征向量 x 上的深度神经网络 $F(x)$ 是一个复合函数，即

$$F(x) = F_n \circ F_{n-1} \circ \cdots \circ F_1(x)$$

每一层 $F_l(z_{l-1})$ 将上一层 F_{l-1} 的输出映射为一个向量，即

$$z_l = F_l(z_{l-1}) = g(W_l z_{l-1} + b_l)$$

其中，W_l 和 b_l 分别是权重矩阵和偏置向量；$g(\cdot)$ 是非线性激活函数，如常用的修正线性单元 ReLU 函数。

在分类问题中，神经网络最后的输出是所有类上的概率分布 p，即对所有类 i，$p_i \geqslant 0$ 且 $\sum_i p_i = 1$。通常将最后一层设计为 softmax 函数来实现分类。令 $Z(x)$ 为倒数第二层输出，对于每一类 i，输出是一个实数，作为其概率。每类的最后输出为

$$F_i(x) = p_i = \mathrm{softmax}(Z(x))_i = \frac{\mathrm{e}^{z_i(x)}}{\sum_j \mathrm{e}^{z_j(x)}}$$

最后，样本所在的预测类 $f(x)$ 是概率最大的类，即

$$f(x) = \arg\max_i F_i(x)$$

在对抗的情况下，需要考虑网络 $F(x)$ 的概率输出和/或考虑 $F(x)$ 前一层 $Z(x)$。

一般对深度神经网络的攻击，从一幅原始干净图像 x_0 开始。为了造成错误分类，向 x_0 加入噪声 η，生成对抗损坏的图像 x'，x' 一般称为对抗样本。很明显，加入足够的噪声总能造成分类错误。因此，要么限制 η 很小，满足范数约束 $\|\eta\| \leqslant \varepsilon$；要么最小化 η 的范数。

常用的优化问题形式有以下几种。

第一种是最小化加入的对抗噪声 η 的范数

$$\min \quad \|\eta\|$$
$$\mathrm{s.t.} \quad f(x_0 + \eta) = y_T, \quad x_0 + \eta \in [0,1]^n$$

同时满足图像被错分为目标类 y_T 的约束，$x_0 + \eta \in [0,1]^n$ 要求攻击者生成一幅合理的图像（像素归一化在 0～1）。这是一种针对性攻击。对应的可靠性攻击将第一个约束替换为 $f(x_0 + \eta) \neq y$，即对手试图将图像错分为正确标签 y 以外的任何类。

第二种是最大化构造图像 $x' = x_0 + \eta$ 关于分配给 x_0 的真实标签 y 的损失，即

$$\max_{\eta: \|\eta\| \leqslant \varepsilon} l(F(x_0 + \eta), y)$$

第三种是针对目标类别为 y_T 的攻击，即

$$\max_{\eta: \|\eta\| \leqslant \varepsilon} l(F(x_0 + \eta), y_T)$$

最常用的量化攻击加入噪声量的范数是 L_0 范数、L_2 范数和 L_∞ 范数。L_0 范数攻击限制修改像素的数量。最早的是基于雅可比行列式的显著图攻击（Jacobian-based saliency map attack，JSMA），目的是最小化图像中修改的像素数量，使得图像错分为目标类别 y_T，即针对性 L_0 范数攻击。这种攻击从原始图像 x_0 开始，每次贪婪地修改像素对。L_2 范数攻击中，最小化扰动的 L_2 范数，导致图像错分为目标类别（针对性攻击）或仅仅分类错误（可靠性攻击）。这类攻击是实践中最有效的攻击之一，并且在一些情况下，被用作优化其他范数的核心机制。L_∞ 范数攻击的目的是用最大范数的约束，近似解决最大化构造图像问题。换句话说，攻击者的目标是通过向原始干净图像 x_0 加入任意噪声 η，并限制 $\|\eta\|_\infty \leqslant \varepsilon$，造成预测误差。值得注意的是，其加入的噪声比 L_2 范数攻击的噪声大得多。

6. 深度神经网络防御

1）鲁棒优化方法

鲁棒学习问题等价于对抗风险最小化问题，其中目标函数描述了对手对特征向量的修改。学习对抗鲁棒深度神经网络问题的鲁棒优化表示为

$$\min_\theta \sum_{i \in D} \max_{\eta: \|\eta\| \leqslant \varepsilon} l(F(x_i + \eta, \theta), y_i)$$

其中，限制攻击对原图像的修改不超过某种目标范数值 ε。最坏情况下的损失函数为

$$l_{\mathrm{wc}}(F(x,\theta),y) = \max_{\eta:\|\eta\|\leqslant\varepsilon} l(F(x+\eta,\theta),y)$$

对此，主要有以下两种鲁棒深度学习方法。

（1）对抗正则化方法：也称为对抗训练，使用最坏情况下的损失函数关于图像小变化的近似值作为正则项。对抗正则化等价于基于损失函数的梯度幅度，很大的梯度意味着模型在小扰动下更不稳定（因为 x 中的小变化可以造成输出的巨大变化）。正则化梯度可以改善对对抗样本的鲁棒性。另外，对抗正则化依赖于具体的实例 x，而一般的正则项都依赖于模型参数 θ。

（2）鲁棒梯度下降方法：学习鲁棒深度神经网络过程中使用最坏情况下的损失函数梯度。实践中，即使是采用最坏情况下的损失函数的高质量近似最优解，也足以训练鲁棒的深度神经网络。

2）迭代再训练方法

深度学习的攻击是决策时攻击的特例，因此，决策时防御技术介绍的迭代再训练的通用方法可直接使用。根据任意攻击模型生成对抗样本攻击神经网络，将对抗样本加入训练数据，然后重复这一神经网络训练过程。迭代再训练方法的重要优势在于不知道用于生成对抗样本的算法。与之相反，鲁棒优化方法假设攻击是可靠性攻击，这可能会导致解在实际中太保守。

3）蒸馏方法

蒸馏方法是一种训练深度神经网络的启发式方法，最早用于知识从复杂到简单模型的迁移。蒸馏方法可以让深度神经网络对对抗噪声更鲁棒。虽然已证实蒸馏方法对一些攻击非常有效，如快速梯度符号方法（fast gradient sign method，FGSM）和基于雅可比行列式的显著图攻击（Jacobian-based saliency map attack, JSMA）等，但 CW（Carlini Wagner）攻击能有效击破蒸馏方法。蒸馏方法之所以对原始设计的攻击有效，是因为温度参数放大了 $Z_i(x)$，一旦将温度参数设为 1，将造成非常尖锐的类预测，以至于梯度变得不稳定。但是如果攻击者使用最后层的隐层值 $Z(x)$，梯度将再次变得正常。

参 考 文 献

[1] Graves A. long short-term memory[J]. Neural Computation, 1997, 9(8): 1735-1780.

[2] Cho K, van Merrienboer B, Gulcehre C, et al. Learning phrase representations using RNN encoder-decoder for statistical machine translation[C]. Conference on Empirical Methods in Natural Language Processing, Doha, 2014: 1724-1734.

[3] Schuster M, Paliwal K K. Bidirectional recurrent neural networks[J]. IEEE Transactions on Signal Processing, 1997, 45(11): 2673-2681.

[4] Goodfellow I J, Shlens J, Szegedy C. Explaining and harnessing adversarial examples[J]. arXiv Preprint arXiv: 1412.6572, 2014.

[5] Evtimov I, Eykholt K, Fernandes E, et al. Robust physical-world attacks on machine learning models[J]. arXiv Preprint arXiv:1707. 08945, 2018.

[6] Sharif M, Bhagavatula S, Bauer L. Accessorize to a crime: Real and stealthy attacks on state-of-the-art face recognition[C]. ACM SIGSAC Conference on Computer and Communications Security, Vienna, 2016: 1528-1540.

[7] 叶夫根尼·沃罗贝基克, 穆拉特·坎塔尔乔格卢. 对抗机器学习[M]. 王坤峰, 王雨桐, 等译. 北京: 机械工业出版社, 2019.

[8] 姜妍, 张立国. 面向深度学习模型的对抗攻击与防御方法综述[J]. 计算机工程, 2021, 47(1): 1-11.

第4章 强化学习与对抗决策

强化学习(reinforcement learning，RL)，又称再励学习、评价学习或增强学习，是机器学习的范式和方法论之一，关注智能体在某个环境中应该如何采取行动。具体来说，强化学习讨论的问题是智能体怎么在一个复杂不确定的环境去极大化它所能获得的累积奖励。在智能体概念模型中主要包括两个部分：智能体和环境，二者不断进行交互。在强化学习的过程中，智能体在环境里获取到状态，根据这个状态输出一个动作，并实施于环境之中。环境会根据智能体的动作，输出下一个状态以及当前的这个动作得到的奖励。智能体的目的就是尽可能多地从环境中获取累积奖励。

4.1 强 化 学 习

4.1.1 基于马尔可夫决策过程的强化学习建模

马尔可夫决策过程(Markov decision process, MDP)是一个描述单智能体、多个状态的框架，可以通过元组 (S, A, T, R, γ) 进行描述，其中，S 是状态集；A 是动作集；$T: S \times A \times S \rightarrow [0,1]$ 是转移函数，表示下一个状态的概率分布；$R: S \times A \rightarrow \mathbb{R}$ 是奖励函数；γ 是折扣因子，$0 \leqslant \gamma \leqslant 1$，如果为 0 表示未来奖励只由当前的奖励决定，为 1 表示对所有后续奖励和当前奖励一视同仁，如图 4.1 所示。求解 MDP 的目标是找到一个策略 $\pi: S \rightarrow A$ 将状态映射到动作，以

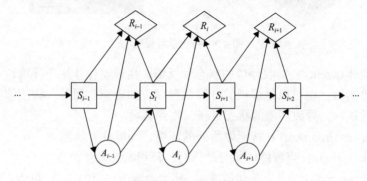

图 4.1 MDP 示意图

最大化折扣后的未来奖励 $\displaystyle\sum_{k=0}^{\infty} \gamma^k R_k$。

MDP 假设转化到下一个状态的概率仅与当前状态有关，与之前的状态无关，这称为马尔可夫性。马尔可夫性是概率论中的一个概念，因俄国数学家安德雷·马尔可夫得名。

当一个随机过程在给定现在状态及所有过去状态的情况下，假设状态的历史为 $h_t = \{s_0, s_1, \cdots, s_t\}$，马尔可夫性是指一个状态的下一个状态只取决于当前状态，而与该状态之前的所有状态都无关，换句话说，在给定现在状态时，它与过去状态(即该过程的历史路径)是条件独立的，即

$$p(S_{t+1} \mid S_t) = p(S_{t+1} \mid h_t)$$

对于一个 MDP 来说，假设状态-动作的历史为 $h_t = \{s_0, a_0, s_1, a_1, \cdots, s_t, a_t\}$，马尔可夫性是指动作的结果只依赖于当前状态，即

$$p(S_{t+1} \mid S_t, a_t) = p(S_{t+1} \mid h_t, a_t)$$

马尔可夫性是所有 MDP 的基础。在此基础上可以定义和简化强化学习过程，主要包括状态和策略的马尔可夫性。

强化学习模型如图 4.2 所示，包含如下概念。

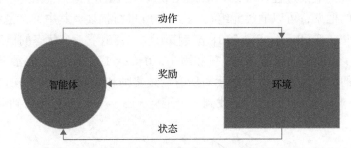

图 4.2   强化学习模型

智能体(agent)：接收环境的状态和反馈，生成动作作用于环境，可以是机器人等实体，也可以是虚拟的计算机程序，如虚拟客服等。智能体生成动作，然后执行，导致环境的状态更新，收到奖励。

环境(environment)：智能体所处的环境，环境具有状态。

动作(action)：当智能体执行动作时，环境状态发生改变。

奖励(reward)：当状态发生改变时，环境会给予一定的奖励，可为正或负。

策略(policy) π : 智能体在 t 时刻生成的动作是不确定的, 满足一定的概率分布, 可以表示智能体在状态 s 时采用动作 a 的概率分布 $\pi(a|s)$, 即

$$\pi(a|s) = P(A_t = a | S_t = s)$$

也可以是确定性策略, 此时可以看成总选择概率最大的那个动作:

$$a^* = \arg\max_a \pi(a|s)$$

状态值函数 $V_\pi(s)$ 为智能体在状态 s 采取策略 π 时能获得的折扣奖励期望:

$$V_\pi(s) = E_\pi(R_{t+1} + \gamma R_{t+2} + \gamma^2 R_{t+3} + \cdots | S_t = s)$$

Bellman 方程的基本形态为

$$V_\pi(s) = E[R_{t+1} + \gamma V(S_{t+1}) | S_t = s]$$

可以看出, 当前状态的值函数与奖励 R_{t+1} 和下一个状态的值函数均有关。

动作值函数 $Q_\pi(s,a)$ 为智能体在状态 s 采取动作 a 能获得的折扣奖励期望, 即

$$Q_\pi(s,a) = E_\pi(R_{t+1} + \gamma R_{t+2} + \gamma^2 R_{t+3} + \cdots | S_t = s, A_t = a)$$

利用 Bellman 方程, 上式可以转化为

$$Q_\pi(s,a) = E_\pi(R_{t+1} + \gamma Q_\pi(S_{t+1}, A_{t+1}) | S_t = s, A_t = a)$$

状态值函数 $V_\pi(s)$ 和动作值函数 $Q_\pi(s,a)$ 可以相互转化:

$$V_\pi(s) = \sum_{a \in A} \pi(a|s) Q_\pi(s,a)$$

$$Q_\pi(s,a) = R_s^a + \gamma \sum_{s' \in S} P_{ss'}^a V_\pi(s')$$

$$P_{ss'}^a = P(S_{t+1} = s' | S_t = s, A_t = a)$$

R_s^a 表示在状态 s 下采取动作 a 所取得的奖励; $P_{ss'}^a$ 表示在状态 s 下采取动作 a、达到状态 s' 的概率。

Bellman 最优方程为

$$V_*(s) = E\left[R_{t+1} + \gamma \max_{\pi} V(S_{t+1}) \mid S_t = s \right]$$

$$Q_*(s,a) = E\left[R_{t+1} + \gamma \max_{a'} Q_\pi(S_{t+1},a') \mid S_t = s, A_t = a \right]$$

强化学习的目标是求解 Bellman 最优方程，获取最优策略 π^*，最优策略意味着使用该策略会让智能体在与环境的交互中收获最多的奖励。最优策略对应状态值函数和动作值函数的最大值：

$$V_*(s) = \max_{\pi} V_\pi(s)$$
$$Q_*(s,a) = \max_{\pi} Q_\pi(s,a)$$

4.1.2　模型求解方法

根据环境模型是否已知，强化学习可分为有模型强化学习和无模型强化学习。若状态转移概率函数和奖励函数已知，则称为有模型强化学习，否则便是无模型强化学习。有模型强化学习主要基于动态规划的思想，采用 Bellman 方程和 Bellman 最优方程进行价值迭代和策略迭代求解。

对于具体问题，如果能够用 MDP 模型完整地进行形式化表达，那么在理论上将可以采用价值迭代或者策略迭代来计算最优值函数。在价值迭代中，首先将各个状态的值初始化为 0，然后根据 Bellman 方程中相邻状态值函数的关系进行值函数的更新，不断迭代直到这些状态的值收敛。收敛之后，可以根据相邻状态的值、状态转移函数、奖励函数来反推得到该状态下的最优动作。价值迭代将收敛到唯一最优解。

在策略迭代中，首先将初始化一个随机策略，然后进行迭代。在每次迭代中都进行策略评估和策略改进两个环节。其中的策略评估相当于在给定策略的情况下对每个状态进行价值迭代，直到收敛；策略改进是计算当前状态的最好动作，改进当前的策略 π。通过不断的策略评估和策略改进，直到策略收敛。策略迭代仍然满足最优性，一些情况下比价值迭代收敛更快。

从图 4.3 可以看出，两种算法都需要计算状态的最优值，不同点表现为：在价值迭代中，每次迭代同时更新价值和策略，并不是直接跟踪策略，通过针对动作的 max 运算隐含着不断重新计算的策略。在策略迭代中，只针对固定策略更新状态值，这种更新速度比较快，因为每次只考虑一个动作，而不是所有动作。每次完成策略评价之后，选取新的策略。

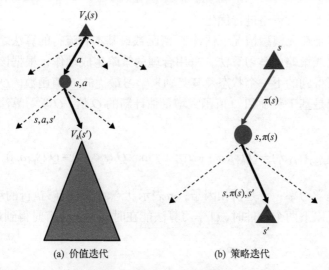

(a) 价值迭代　　　　　　　　　(b) 策略迭代

图 4.3　价值迭代与策略迭代

　　无模型强化学习则基于采样的方式与环境进行交互学习，不需要得到环境模型(状态转移概率函数和奖励函数)，直接根据环境的反馈进行学习，典型的算法有时间差分学习方法、蒙特卡罗方法和策略梯度学习方法等。

　　1. 时间差分学习方法

　　时间差分学习是强化学习技术中最主要的技术之一。时间差分学习是蒙特卡罗思想和动态规划思想的结合，该方法一方面无需系统模型即可从智能体的经验中学习，另一方面与动态规划方法一样，采用估计的值函数进行迭代。

　　时序差分值学习用于估计状态值函数。主要思想是根据当前获取的经验 (s,a,s',r) 更新值函数：

$$V_\pi(s) \leftarrow V_\pi(s) + \alpha(r + \gamma V_\pi(s') - V_\pi(s))$$

先前基于模型的方法将经验 (s,a,s',r) 用于计算环境模型，而这里直接用于更新值函数。具体更新规则如下：当前状态值 ＋学习率×时序差分误差，其中时序差分误差由实际值－预测值得到，实际值由这次状态转移环境中反馈的奖励与折扣的下一状态值构成，预测值就是当前的状态值。在更新规则中，学习率 α 又称步长，学习率越大，表示采用新结果比例越大；学习率越小，表示采用新结果比例越小。时序差分值学习可以针对固定策略实现值函数的估计，但是无法对策略进行优化。

Q 学习是在无模型情况下估计 Q 值函数最基本和流行的算法之一。Q 学习是一种离线策略的学习算法，采用合理的策略生成动作，根据该动作与环境的交互所得到的下一个状态及其奖励来学习最优的 Q 值函数。Q 学习算法的基本思想是基于奖励和 Q 值函数增量估计新的 Q 值。Q 学习算法采用以下更新规则：

$$Q_{t+1}(s_t, a_t) = Q_t(s_t, a_t) + \alpha(r_t + \gamma \max_a Q_t(s_{t+1}, a) - Q_t(s_t, a_t))$$

其中，α 是学习率；γ 是折扣因子；a 表示状态 s_{t+1} 下能够执行的动作。

当满足以下两个条件时，Q 学习算法能在时间趋于无穷时得到最优策略。

(1) $\sum_{t=0}^{\infty} \alpha_t^2 < \infty, \ \sum_{t=0}^{\infty} \alpha_t < \infty$；

(2) 所有的状态和动作都能够被无限次遍历。

SARSA (state action reward state action) 学习是一种在线策略学习算法，直接使用在线动作更新 Q 值函数。SARSA 学习使用以下更新规则：

$$Q_{t+1}(s_t, a_t) = Q_t(s_t, a_t) + \alpha(r_t + \gamma Q_t(s_{t+1}, a_{t+1}) - Q_t(s_t, a_t))$$

其中，动作 a_{t+1} 是由当前策略执行的状态为 s_{t+1} 的动作。在一定条件下，SARSA 学习可以在时间趋于无穷时得到最优策略。

比较 Q 学习和 SARSA 学习：在 Q 学习中，通过 ε 贪婪策略(以 ε 的概率从所有动作中均匀随机选择一个，以 $1-\varepsilon$ 的概率选择当前最优动作)选择动作，而在更新 Q 值时，简单地选择具有最大值的动作；在 SARSA 学习中，同样采用 ε 贪婪策略选择动作，但在更新 Q 值时，也是通过 ε 贪婪策略选择动作。

2. 蒙特卡罗方法

蒙特卡罗方法是一种无模型方法，不需要事先知道 MDP 的状态转移概率以及奖励，通过随机采样找到近似解，采样越多，累积奖励的平均值越接近真实的值函数。通过与环境交互，从所采集的样本中学习，获得关于决策过程的状态、动作和奖励的大量数据(经验)，最后计算出累积奖励的平均值。因此，该方法的计算量较大。蒙特卡罗方法广泛应用于解决预测和控制问题。

具体来说，从初始状态开始，采用某种策略进行采样，执行该策略 T 步，获得一条轨迹：

$$\langle s_0, a_0, r_1, s_1, a_1, r_2, \cdots, s_{T-1}, a_{T-1}, r_T, s_T \rangle$$

对轨迹中每一个状态-动作对，记录其累积奖励，作为一次奖励的采样值。多次执行策略得到多条轨迹后，将每个状态-动作对的累积奖励值进行平均，得到状态-动作值函数的估计。

确定性的策略（在状态下采取的动作是确定的）只能得到相同的轨迹，而估计状态-动作值函数需要多条不同的轨迹。此时，可以使用 ε 贪婪策略，以 ε 的概率从所有动作中均匀随机选择一个，以 $1-\varepsilon$ 的概率选择当前最优动作（该状态下累积奖励最大的动作）。此时，当前最优动作被选择的概率为 $1-\varepsilon+\varepsilon/|A|$，非最优动作被选择的概率为 $\varepsilon/|A|$，其中 $|A|$ 表示当前状态下所有可选择的动作数。于是，每个动作都有可能被选择，多次执行会生成不同的采样轨迹。

异策略（off-policy）蒙特卡罗强化学习方法步骤如下所示。

(1) 令 $Q(s,a)=0$, $c(s,a)=0$, $\pi(s,a)=\dfrac{1}{|A(s)|}$，初始时基于策略 $\pi(s,a)$ 均匀随机选择动作 a。

(2) 执行策略 π 的 ε 贪婪策略生成轨迹 $\langle s_0, a_0, r_1, s_1, a_1, r_2, \cdots, s_{T-1}, a_{T-1}, r_T, s_T \rangle$。

(3) 计算：

$$p_i = \begin{cases} 1-\varepsilon+\dfrac{\varepsilon}{|A(s_i)|}, & a_i = \pi(s_i) \\[3mm] \dfrac{\varepsilon}{|A(s_i)|}, & a_i \neq \pi(s_i) \end{cases}$$

(4) 循环 T 次，$t=0,1,\cdots,T-1$：

$$R = \frac{1}{T-t}\left(\sum_{i=t+1}^{T} r_i\right)\prod_{i=t+1}^{T}\frac{1}{p_i}$$

$$Q(s_t, a_t) \leftarrow \frac{Q(s_t, a_t) \times c(s_t, a_t) + R}{c(s_t, a_t) + 1}$$

$$c(s_t, a_t) \leftarrow c(s_t, a_t) + 1$$

(5) $\pi(s) = \arg\max_{a'} Q(s, a')$，$\pi(s)$ 是一个确定性策略，选择当前状态 s 下的

最优动作。判断是否达到停止条件，若是，则返回 $\pi(s)$ ，否则，返回至步骤(2)。

3. 策略梯度学习方法

策略梯度学习是一种直接逼近策略、优化策略、最终得到最优策略的方法。值函数法相比于策略梯度学习方法有两个不足：①值函数法得到的是一个确定性的策略，而最优策略可能是随机的，此时值函数法不适用；②值函数的一个小变动往往会导致一个原本被选择的动作反而不能被选择，这种变化会影响算法的收敛性。策略梯度学习方法可以分为确定策略梯度算法和随机策略梯度算法：确定策略梯度算法中动作以概率 1 被执行，随机策略梯度算法中动作以某一概率被执行。

Actor-Critic(行动者-评论者)学习方法结合了以值为基础(如 Q 学习)和以动作概率为基础(如策略梯度)的两类强化学习算法。Actor 基于概率选择动作，Critic 基于 Actor 的动作对其优劣进行评分，Actor 根据 Critic 的评分修改选择动作的概率。行动者-评论者学习方法的优势在于可以进行单步更新，比传统的策略梯度收敛速度更快。行动者-评论者学习中 Actor 和 Critic 都可以用神经网络代替，而且每次都是在连续状态中更新参数，每次参数更新前后都存在相关性，导致神经网络的学习效果较差，Actor 和 Critic 难以收敛。

4.2　深度强化学习

近年来，深度学习作为机器学习领域一个重要的研究热点，已经在图像分析、语音识别、自然语言处理、视频分类等领域取得了令人瞩目的成就。深度学习的基本思想是通过多层网络结构和非线性变换，组合低层特征，形成抽象的、易于区分的高层表示，以发现数据的分布式特征表示。深度学习方法侧重于对事物的感知和表达。深度强化学习(deep reinforcement learning，DRL)方法将具有感知能力的深度学习和具有决策能力的强化学习相结合，形成了人工智能领域新的研究热点。深度强化学习是一种端对端(end-to-end)的感知与决策控制系统，具有很强的通用性。其学习过程可以描述为：①在每个时刻智能体与环境交互得到一个高维度的观察，并利用深度学习方法来感知观察，以得到抽象、具体的状态特征表示。②基于预期回报来评价各动作的价值函数，并通过某种策略将当前状态映射为相应的动作。③环境对此动作做出反应，并得到下一个观察。通过不断循环以上过程，最终可以实现目标的最优策略。

深度强化学习是将深度学习与强化学习结合起来从而实现从感知到动作的端对端学习的一种全新方法。与人类一样，输入感知信息如视觉，然后通过深度神经网络，直接输出动作。目前深度强化学习技术在游戏、机器人控制、参数优化、机器视觉等领域中得到了广泛应用，被认为是迈向通用人工智能(artificial general intelligence，AGI)的重要途径。同时，其也引起了全世界军方的普遍关注，各国军方纷纷开始投入研究深度强化学习在军事智能规划与决策领域的应用。

当前深度强化学习方法取得了较大进展，提出了一系列如深度 Q 网络(deep Q network, DQN)[1]、深度确定性策略梯度(deep deterministic policy gradient, DDPG)[2]、异步优势行动者-评论者(asynchronous advantage actor-critic, A3C)[3]、近端策略优化(proximal policy optimization, PPO)[4]等性能优秀的学习算法。

4.2.1　DQN 分析

2013 年,DeepMind公司在神经信息处理系统大会(Conference and Workshop on Neural Information Processing Systems,NIPS)发表的文章"Playing Atari with deep reinforcement learning"中提出 DQN 算法，之后在 *Nature* 上发表的文章提出了改进版的 DQN 算法，引起了广泛关注[1]。DQN 算法将卷积神经网络与传统强化学习中的 Q 学习算法相结合，提出了 DQN 模型，用于处理基于视觉感知的控制任务，是深度强化学习领域的开创性工作。

将深度学习与强化学习结合，需要解决以下两个问题：①深度学习需要大量有标签的数据样本；而强化学习是智能体主动获取样本，样本量稀疏且奖励有延迟。②深度学习要求每个样本相互之间是独立同分布的；强化学习获取的相邻样本相互关联性较大，并不是相互独立的。

DQN 算法中采用两个关键技术来解决以上问题。①样本池：将采集到的样本先放入样本池，然后从样本池中随机选出一条样本用于对网络的训练。这种处理打破了样本间的关联，使样本间相互独立。②固定目标值网络：计算网络目标值需用到现有的 Q 值，用一个更新较慢的网络专门提供此 Q 值，提高训练的稳定性和收敛性。

DQN 采用深度卷积神经网络近似表示当前的值函数，采用另一个目标网络来产生目标 Q 值。DQN 模型的输入是距离当前时刻最近的 4 幅预处理后的图像。该输入经过 3 个卷积层的深度卷积神经网络和 2 个全连接层的非线性变换，最终在输出层产生每个动作的 Q 值。

　　DQN 在训练过程中使用经验回放（experience replay）机制：在每个时间步 t，将智能体与环境交互得到的状态转移过程样本存储到回放记忆缓存中；训练时，每次从经验缓存中随机抽取小批量的转移样本，并使用随机梯度下降（stochastic gradient descent, SGD）算法更新网络参数 θ。在训练深度网络时，通常要求样本之间是相互独立的，这种随机采样的方式大大降低了样本之间的关联性，从而提升了算法的稳定性。

　　DQN 采用 $Q(s,a|\theta_i)$ 表示当前值网络的输出，用来评估当前状态动作对的值函数；$Q(s,a|\theta_i^-)$ 表示目标值网络的输出，一般采用 $Y_i = r + \gamma \max_{a'} Q(s',a'|\theta_i^-)$ 近似表示值函数的优化目标，即目标 Q 值。当前值网络的参数 θ 是实时更新的，每经过 N 轮迭代，都要将当前值网络的参数复制给目标值网络。通过最小化当前 Q 值和目标 Q 值之间的均方误差来更新网络参数。引入目标值网络后，在一段时间内目标 Q 值是保持不变的，一定程度上降低了当前 Q 值和目标 Q 值之间的相关性，提升了算法的稳定性。DQN 将奖励值和误差项缩小到有限的区间，保证了 Q 值和梯度值都处于合理的范围内，提高了算法的稳定性。

　　实验表明，DQN 算法在解决如 Atari 2600 游戏等类真实环境的复杂问题时，表现出与人类玩家相媲美的竞技水平，甚至在一些难度较低的非策略性游戏中，DQN 算法的表现超过了有经验的人类玩家。在解决各类基于视觉感知的深度强化学习任务时，DQN 算法使用了同一套网络模型、参数设置和训练算法，这充分说明 DQN 算法具有很强的适应性和通用性。

　　后续基于 DQN 提出了很多改进变体，如深度双 Q 网络[5]、基于优势学习的深度 Q 网络[6]、基于优先级采样的深度 Q 网络[7]、基于竞争架构的深度 Q 网络[8]和深度循环 Q 网络[9]。

4.2.2　DDPG 分析

　　DQN 算法是一种基于值函数的方法，基于值函数的方法难以应对的是巨大的动作空间，特别是连续动作情况。这是因为网络难以输出大量数据的动作，且难以在这么多输出之中搜索最大的 Q 值。而 DDPG 算法基于 Actor-Critic 框架，在动作输出方面采用一个网络来拟合策略函数，直接输出动作，可以应对连续动作输出的巨大动作空间[2]。

　　DDPG 算法可以应对高维输入，实现端到端的控制，且可以输出连续动作，使得深度强化学习方法可以应用于较为复杂的有大的动作空间和连续动作空间的情境，是深度学习和强化学习的又一次成功结合，是深度强化学习发展过程中很重要的一个研究成果。

DDPG 算法分别使用参数为 θ^μ 和 θ^Q 的深度神经网络表示确定性策略 $a = \pi(s \mid \theta^\mu)$ 和值函数 $Q(s, a \mid \theta^Q)$。其中，策略网络用来更新策略，对应 Actor-Critic 框架中的 Actor；值网络用来逼近状态动作对的值函数，并提供梯度信息，对应 Actor-Critic 框架中的 Critic。在 DDPG 中，目标函数被定义为带折扣的奖励和：

$$J(\theta^\mu) = E_{\theta^\mu}(r_1 + \gamma r_2 + \gamma^2 r_3 + \cdots)$$

然后，采用 SGD 算法对目标函数进行端到端的训练和优化。DDPG 算法基于 DQN 算法的成功经验，采用了样本池和固定目标值网络这两项技术。DDPG 算法使用经验回放机制从经验缓存中获得训练样本，并将由 Q 值函数关于动作的梯度信息从 Critic 网络传递给 Actor 网络。

实验表明，DDPG 算法不仅在一系列连续动作空间的任务中表现稳定，而且求得最优解所需要的时间步也远远少于 DQN 算法。与基于值函数的深度强化学习方法相比，基于 Actor-Critic 框架的 DDPG 算法效率更高，求解速度更快。

4.3　多智能体深度强化学习

4.3.1　随机博弈建模

在多智能体即时策略对抗过程中，我方多智能体从环境中获取状态和奖励，指导每个智能体进行策略学习，生成自己的动作，最后将联合动作作用于包含敌方智能体的环境之中，与敌方多智能体发生对抗后生成新的联合状态和奖励反馈至我方多智能体，整个过程如图 4.4 所示。

随机博弈(stochastic game)将描述单智能体强化学习的 MDP 泛化至多智能体。随机博弈具有多个智能体与多个状态，是 MDP 与矩阵博弈的结合，随机博弈过程如图 4.5 所示。MDP 包含一个智能体与多个状态，而矩阵博弈包括多个智能体与一个状态。随机博弈与 MDP 的不同之处在于：随机博弈中多个智能体需要选择动作，形成联合动作，并且下一个状态和奖励取决于该联合动作，每个智能体都有自己独立的奖励函数。

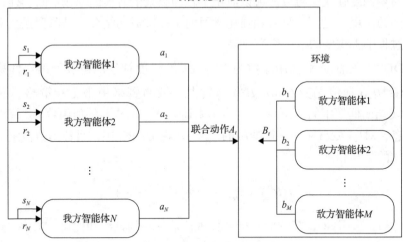

图 4.4　多智能体对抗框图

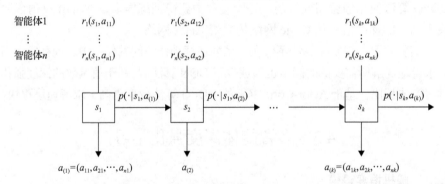

图 4.5　随机博弈过程

随机博弈采用元组 $\langle S,A_1,\cdots,A_n,T,r_1,\cdots,r_n,\gamma\rangle$ 进行描述，其中 n 是智能体的数量，S 是环境状态空间，$A_i(i=1,\cdots,n)$ 是智能体的动作空间，多智能体联合动作 $A=A_1\times\cdots\times A_n$，$T:S\times A\times S\rightarrow[0,1]$ 为状态转移概率函数，$r_i:S\times A\times S\rightarrow\mathbb{R}(i=1,\cdots,n)$ 为智能体 i 的奖励函数，γ 为奖励折扣因子。

环境状态 (S) 一般可以分为全局状态和局部状态。全局状态是指在所有智能体间可以共享的环境状态，例如在具有全局视野的条件下，全局状态包括战场环境信息、己方智能体信息和敌方智能体信息。局部状态是指单个智能体通过局部视野所感知到的信息，受限于其视野范围，是全局视野条件下全局状态的子集。环境状态主要包括从战场感知到的环境特征信息、己方智能体信息和敌方智能体信息三个方面。①环境特征信息：对地貌、地物、障碍物等物理信息建模。环境特征将对智能体的状态空间和动作空间进行限制和约束。②己方智能体信息：对己方智能体数量和状态进行建模，常见的状态包括位置、作战装备性能及当前状态和战备物资储备等。③敌方智能体信息：对可观测的敌方智能体的数量和状态进行描述，如位置、作战装备性能及当前状态等。

动作空间 A_i 的建模方式有两种：一种是建模为离散动作空间；另外一种是建模为连续动作空间，如智能体的移动动作，采用离散动作建模可设计为每一步朝不同的方向移动固定长度的距离或者在原地不动；采用连续动作空间建模则直接给出目的地的连续坐标位置。如果是同一种类型的智能体(同构智能体)则其动作空间相同，如果是不同类型的智能体(异构智能体)则其动作空间很可能不相同，需要分别设计和探索。策略网络参数共享是一种常用的模型简化方法，但是一般只能处理同构智能体，对于异构智能体一般需要为每个或每类智能体设计和训练不同的策略网络。

奖励函数 r 可以分为全局奖励函数和局部奖励函数。全局奖励函数是指整个多智能体团队获得的奖励，而局部奖励函数是指每个智能体所获得的奖励。研究人员发现只采用全局奖励函数进行训练学习，不利于局部智能体合作的涌现和训练收敛。因此，在实际的训练过程中，通常需要确定每个智能体的局部奖励或者确定每个智能体对全局奖励的贡献程度(信用分配问题)。

智能体奖励函数的设计反映了指挥员在制定作战行动方案时的决策偏好，如保存自己优先，消灭敌人其次，此时的奖励函数设计对己方的损失更为敏感；如不惜一切代价消灭敌人，此时奖励函数设计将认为敌方的损失更重要。不同偏好的奖励函数使得智能体学到的行动策略也大不相同，因为智能体的行动策略设计使得长期回报之和的期望最大化。奖励函数设计通常考虑以下因素：己方智能体的存活数量、己方智能体的损伤程度、敌方智能体的被消灭数量、敌方智能体的损伤程度。

在设计奖励函数时可以根据需要对以上各个因素设置不同的权重偏好，一般采用对以上因素进行加权求和方法。

随机博弈可根据智能体的奖励函数，分为零和随机博弈、团队随机博弈和一般和随机博弈。零和随机博弈的所有状态都必须定义为一个零和矩阵博弈；团队随机博弈的所有状态必须定义团队矩阵博弈，所有智能体获得的奖励相同；其他的随机博弈统称为一般和随机博弈。

随机博弈的状态值函数 $V_i^\pi(s)$ 为

$$V_i^\pi(s) = E_\pi \left\{ \sum_{k=0}^\infty \gamma^k r_i(t+k+1) \mid s_t = s \right\}$$

$$= E_\pi \left\{ r_i(t+1) + \gamma \sum_{k=0}^\infty \gamma^k r_i(t+k+2) \mid s_t = s \right\}$$

$$= \sum_a \pi(a \mid s) \sum_{s'} p(s' \mid s, a) \left[r_i(s', a) + \gamma E_\pi \left\{ \sum_{k=0}^\infty \gamma^k r_i(t+k+2) \mid s_{t+1} = s' \right\} \right]$$

$$= \sum_a \pi(a \mid s) \sum_{s'} p(s' \mid s, a) [r_i(s', a) + \gamma V_i^\pi(s')]$$

其中，$\pi(a \mid s)$ 表示在状态 s 选择联合动作 a 的概率；$p(s' \mid s, a)$ 是给定当前状态 s 和联合动作 a 时下一状态为 s' 的概率。

随机博弈的状态值函数必须对每个智能体都进行定义，其值的期望取决于联合动作，而不是智能体的单个策略。智能体 i 的总期望值 $V_i^\pi(s)$ 具有以下上界：

$$V_i^\pi(s) \leqslant \frac{M}{1-\gamma}, \quad M \equiv \max_{i,s,a} | r_i(s, a) |$$

对于其他智能体的某些联合策略，智能体 i 的最优响应策略 $\pi_i \in \mathrm{BR}_i(\pi_{-i})$，$\pi_{-i}$ 是除 i 之外的智能体的联合策略。当 $\pi_i^* \in \mathrm{BR}_i(\pi_{-i})$ 时，当且仅当

$$\forall s \in S, \quad V_i^{\langle \pi_i^*, \pi_{-i} \rangle} \geqslant V_i^{\langle \pi_i, \pi_{-i} \rangle}$$

随机博弈的 Q 值 $Q_i^\pi(s, a)$ 为

$$Q_i^\pi(s, a) = E_\pi \left\{ \sum_{k=0}^\infty \gamma^k r_i(t+k+1) \mid s_t = s, a_t = a \right\}$$

$$= E_\pi \left\{ r_i(t+1) + \gamma \sum_{k=0}^\infty \gamma^k r_i(t+k+2) \mid s_t = s, a_t = a \right\}$$

$$= \sum_{s'} p(s' \mid s, a) \left[r_i(s', a) + \gamma E_\pi \left\{ \sum_{k=0}^\infty \gamma^k r_i(t+k+2) \mid s_{t+1} = s', a_t = a \right\} \right]$$

$$= \sum_{s'} p(s' \mid s, a) [r_i(s', a) + \gamma V_i^\pi(s')]$$

每个智能体的 Q 值同样取决于所有智能体的联合动作。

对于多人随机博弈，如果已知博弈中的回报函数和转移函数，则希望找

到纳什均衡。随机博弈的纳什均衡可描述为联合策略元组 $(\pi_1^*, \cdots, \pi_n^*)$，对于所有 $s \in S$，满足

$$V_i(s, \pi_1^*, \cdots, \pi_i^*, \cdots, \pi_n^*) \geqslant V_i(s, \pi_1^*, \cdots, \pi_i, \cdots, \pi_n^*), \quad \forall \pi_i \in \Pi_i, i = 1, \cdots, n$$

其中，$V_i(s, \pi_1, \cdots, \pi_n)$ 表示智能体 i 在联合策略 $(\pi_1, \cdots, \pi_n)$ 下的折扣期望奖励总和；π_i 为智能体 i 在策略空间 Π_i 中选择的任一策略。

随机博弈的纳什均衡是指一个策略集，其中所有的策略都是最优响应策略，没有智能体能够通过改变自己的策略获取更大的值。

随机博弈的解可以描述为一组关联特定状态矩阵博弈中的纳什均衡策略。特定状态矩阵博弈也称为阶段博弈，状态 s 是固定的，随机博弈的 Q 函数为该阶段博弈的奖励函数。在阶段博弈中，定义行为值函数 $Q_i^*(s, a)$ 为所有智能体在状态 s 采取联合动作 a 之后采用纳什均衡策略时智能体 i 的期望奖励。如果所有状态的 $Q_i^*(s, a)$ 值已知，则可以通过求解阶段博弈得到智能体 i 的纳什均衡策略。因此，对于每个状态 s，都有一个矩阵博弈，且在这个矩阵博弈中找到纳什均衡策略。最终，随机博弈的纳什均衡策略就是每个特定状态矩阵博弈的纳什均衡策略的集合。

多智能体强化学习可以建模成随机博弈，将每一个状态的阶段博弈的纳什策略组合起来成为一个智能体在动态环境中的策略，并不断与环境交互来更新每一个状态的阶段博弈中的 Q 值函数(奖励)。

随机博弈中假定每个状态的奖励矩阵是已知的，不需要学习。而多智能体强化学习则是通过与环境的不断交互来学习每个状态的转移函数或奖励函数信息，再通过这些函数信息学习得到最优纳什策略。通常情况下，模型的转移概率以及奖励函数未知，因此需要利用强化学习方法来不断逼近状态值函数或动作值函数。

合理性和收敛性是随机博弈中多智能体学习算法的两个理想特性。合理性是指如果其他智能体的策略收敛于固定策略，则学习算法将会收敛到一个相对于其他智能体策略的最优响应策略。收敛性是指学习算法必须收敛到一个固定策略。对于智能体 i 的学习算法收敛至固定策略 π，当且仅当对于任意 $\varepsilon > 0$，总是存在一个时间 $T > 0$，有

$$\forall t > T, a_i \in A_i, s \in S, P(s, t) > 0 \Rightarrow |P(a_i \mid s, t) - \pi(s, a_i)| < \varepsilon$$

其中，$P(s, t)$ 是 t 时刻博弈在状态 s 的概率；$P(a_i \mid s, t)$ 是指在给定 t 时刻和状态 s 时选择动作 a_i 的概率。如果所有智能体采用合理性算法并且策略收敛，

则所有智能体的策略收敛至纳什均衡点。

4.3.2 研究进展

受到深度强化学习方法的启发，当前较先进的多智能体深度强化学习方法取得了若干进展，其中典型的方法有 2016 年提出的交流神经网络(communication neural net，CommNet)[10]、增强智能体间学习(reinforced inter-agent learning，RIAL)方法[11]和差异智能体间学习(differentiable inter-agent learning，DIAL)方法[11]，2017 年提出的双向协作网络(bidirectionally-coordinated net，BiCNet)[12]、多智能体深度确定性策略梯度(multi-agent deep deterministic policy gradient，MADDPG)[13]，2018 年提出的反事实多智能体(counterfactual multi-agent，COMA)策略梯度[14]、参数共享多智能体梯度下降 sarsa(λ)(parameter sharing multi-agent gradient descent sarsa(λ)，PS-MAGDS)[15]、基于宏观动作的强化学习[16]和数据驱动的分层强化学习[17]等。

CommNet 默认智能体在一定范围内采用全连接机制，对多个同类的智能体采用同一个网络，用当前态(隐态)和交流信息得出下一时刻的状态，信息交流为隐态信息的均值。其优点是能够根据现实位置变化对智能体连接结构做出自主规划，而缺点在于信息采用均值过于笼统，不能处理多个种类的智能体，只能处理同种智能体。CommNet 在交流公式递推中采取了平均值的形式，假设所有智能体的权重相同，默认了智能体的一致性。

RIAL 和 DIAL 是单智能体策略演进方法 DQN 在多智能体问题上的扩展。RIAL 和 DIAL 个体行为中采取了类 DQN 的解决方式，在智能体间进行单向信息交流，并都采用了单向环整体架构，两者的区别在于 RIAL 向一个智能体传递的是 Q 网络结果中的极大值，DIAL 传递的是 Q 网络的所有结果。在实验中，两者均可以解决多种类协同的现实问题，且 DIAL 表现出了很好的抗信号干扰能力。但是，在处理非静态环境的快速反应问题上，RIAL 与 DIAL 的表现仍旧不足。RIAL 和 DIAL 在智能体的 DQN 步骤间构建了网络连接，使得智能体的 DQN 评价 Q 和行动 a 对应的最大 Q 做到了信息的单向共享。在实际的表现中，DIAL 表现出优于 RIAL 的性质，这一方面是因为传递的信息更多，另一方面是因为 Q 网络的全部结果体现了行动的全部可能性，胜过某一个结果所内含的可能性。DIAL 相对 RIAL 在智能体间的信号传递过程中表现较好的噪声容忍性，对于传递信号添加的适当噪声，仍然能保证训练的正常进行。DIAL 和 RIAL 的不足之处在于：①采取了单向环状的通信架构，连接结构僵化脆弱，无法耐受网络架构上的破坏；②动态规划能力不足，无法处理动态强的问题。

BiCNet 在个体行为上用 DDPG 取代 DQN 作为提升方法，在群体连接中采用了双向循环网络取代单向网络进行连接。这一方法在 DIAL 的基础上利用双向信息传递取代单向信息传递，在多种类协同的基础上一定程度解决了快速反应的问题。然而，BiCNet 的组织架构思想仍旧没有摆脱链状拓扑或者环状拓扑结构，且不具有动态规划能力，在现实实践中会有很大问题。在相互摧毁的真实战术背景下，不具有动态规划能力的网络中一点的破坏会导致经过该点的所有信息交流彻底终止。在未恢复的前提下，链状拓扑和环状拓扑对于网络中的每一端点过分依赖，导致少量几点的破坏会对智能体交流网络造成毁灭性影响，团体被彻底拆分失去交流协同能力。

MADDPG 算法针对多智能体合作-竞争任务学习，采用多智能体环境中的中心化学习(centralized learning)和去中心化执行(decentralized execution)方法，让智能体可以学习彼此合作和竞争，求解多智能体协调的复杂策略。研究表明，随着智能体数量的增加，梯度在正确方向上的减少与智能体的数量呈指数级关系。MADDPG 算法的缺点在于：每一个 Critic 网络需要观测所有智能体的状态和动作，对于大量不确定智能体的场景，不是特别实用，而且当智能体数量特别多时，状态空间过于巨大；每一个智能体都需要对应一个 Actor 网络和一个 Critic 网络，当智能体数量较多时，存在大量的模型。

PS-MAGDS 定义了一种高效的状态表征，破解了游戏环境中由大型状态空间引起的复杂性，接着提出一个参数共享多智能体梯度下降 Sarsa(λ)(PS-MAGDS)算法训练智能体，将神经网络作为函数近似器，以评估动作价值函数，并提出一个奖励函数帮助智能体平衡其移动和攻击，学习策略在我方智能体间共享以鼓励协作行为。此外，采用迁移学习方法将模型扩展到更加困难的场景，加速训练进程并提升学习性能。在小场景中，我方单位成功学习战斗并以 100%胜率击败了游戏内置 AI。

基于宏观动作的强化学习采用双层结构组织宏动作，上层代表高级战略/战术的宏动作，下层代表每个单元低级控制的小型操作。整个动作集分为水平子集和垂直子集，对于每个动作子集，为其分配一个单独的控制器。智能体只能看到局部动作集，以及与其动作相关的局部观察信息。在每个时间步，同一层的控制器可以同时采取行动，而下层的控制器必须以上层控制器为条件。

数据驱动的分层强化学习首先从高质量对抗数据的运动轨迹中自动提取宏观动作，其决策层包括每 K 个时间单元更新的上层策略和每个时间单元更新的子策略。该方法能够尽可能避免手工设定，使用少量计算资源仍能高效学习，同时宏观动作的提取可以大幅减少行动空间，分层策略可以大幅减少决策空间和决策频率。

4.4　Atari 游戏博弈

4.4.1　Atari 游戏与 AI

AI 达到乃至超越人类水平的领域，最开始便来自 Atari 游戏。谷歌采用 DQN 算法测试 Atari 2600，在 49 个游戏中有 29 个游戏获得了 75%专业测试的成绩[18]。

Atari 游戏给人工智能带来的挑战主要有以下两个。

（1）维度灾难：计算机玩 Atari 游戏的输入为 210×160 像素的原始图像数据，然后输出几个按键动作。和人类的要求一样，只有视觉图像输入，然后让计算机自己操作。从理论上看，图像中每一个像素都有 RGB 三个通道，每个通道有 256 种值，总的状态空间为 $(3 \times 256)^{210 \times 160}$。所以，不可能通过表格来存储状态，必须对状态的维度进行压缩。

（2）灾难性遗忘：在视频游戏中，人工神经网络会遭遇灾难性遗忘问题。当神经网络学会玩一种新的游戏时，就会忘掉原来学会的游戏。这种遗忘是由人工神经网络本身的性质造成的，也是人工神经网络与真正的人类大脑相区别的地方。人工神经网络通过调整组成神经元之间连接的强度来学习，一旦改变了要学习的任务，旧的网络连接就会逐渐被更新。

2013 年 12 月，DeepMind 宣布他们研发的 AI 玩 Atari 游戏 *Breakout* 超过了人类水平，这是 DeepMind 取得的首个突破之一。*Breakout* 游戏界面如图 4.6 所示。*Breakout* 是一款单人的乒乓游戏，即对着墙打乒乓球，人类玩家或者 AI 用横板（屏幕底部的粗线条）左右移动接住球（中间的点），并用这个球撞击并消除屏幕上方像素构成的"墙"，消除完毕后过关。*Breakout* 的动作简单，而且能即时得到反馈，非常适于神经网络建模求解，因此，DeepMind 的 AI 玩 *Breakout* 的成绩是专业人类玩家能达到的最好成绩的 10 倍以上。

另一款 Atari 游戏 *Montezuma's Revenge*（《蒙特祖玛的复仇》）中，目标是找到埋在充满危险机关的金字塔里的宝藏。要达到目标，玩家必须达成许多个次级的小目标，例如，找到打开门的钥匙，再找到门打开通过，如图 4.7 所示。这个游戏的反馈不像 *Breakout* 那么即时，最终找到宝藏的奖励，是之

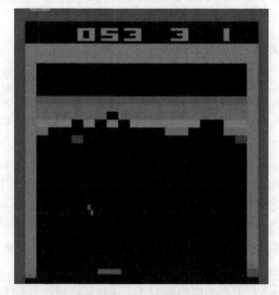

图 4.6　*Breakout* 游戏界面

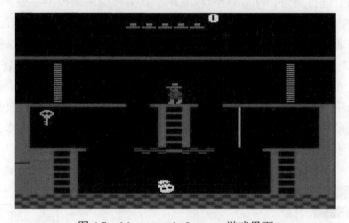

图 4.7　*Montezuma's Revenge* 游戏界面

前多次动作累积的结果,这是一个序贯决策的过程。与玩 *Breakout* 的突出表现相反,神经网络目前在 *Montezuma's Revenge* 游戏中进展艰难,意味着神经网络很难将长期的原因和结果联系起来。

DeepMind 在 2017 年称已经解决了深度神经网络灾难性遗忘的问题,采用迁移学习的方式使人工神经网络就像真正的人类大脑一样,能一次掌握多种游戏。迁移学习使得人工神经网络在一个任务中学到的行为模式可以在另外一个类似任务中使用,就像人类学会了骑自行车,掌握了平衡的技巧,就能很快学会骑电动车或者摩托车等。

4.4.2　Atari 游戏 AI 主要技术分析

总体来说，Atari 游戏 AI 主要基于 DQN 算法，具有以下特点：①DQN 算法普适性较强，相同的网络可以学习不同的 Atari 游戏；②采用端到端的训练方式，无须人工提取特征，采用卷积神经网络进行特征提取；③通过不断的训练学习，使用奖励构造标签，生成大量样本用于监督学习；④通过经验回放方法解决样本相关性及非静态分布问题，即建立一个经验池，把每次经验都存起来，训练时随机抽取一批样本训练；⑤动作选择采用 ε 贪婪策略，小概率选择随机动作，大概率选择最优动作。

DQN 算法的主要缺点在于输入的状态较短，所以只适用于处理短时记忆任务，无法处理需要长时间经验的任务；网络输出是有限离散 Q 值，对应离散的动作，不能处理连续值。

深度神经网络近似表示值函数 Q 值：动作状态值函数 $Q(s,a)$ 采用神经网络作为函数进行逼近，$Q(s,a) \approx f(s,a,\theta)$，$\theta$ 为神经网络模型参数，因为不知道 Q 值的实际值，只能用一个函数近似 Q 值。神经网络采用卷积神经网络，其输入是通过函数预处理产生的 84×84×4 像素的图像；第一个隐层把输入图像通过 32 个 8×8 的滤波器进行卷积，然后通过一个非线性修正函数；第二个隐层通过 64 个 8×8 的滤波器进行卷积，然后通过非线性修正函数；第三层的卷积层采用 64 个 3×3 的滤波器卷积和非线性修正函数；随后的隐层是一个全连接层；最后一层是一个全连接网络每个输出对应一个有效的动作，也就是 Q 值。对于每个不同游戏输出 4～18 个动作，如图 4.8 所示。

图 4.8　深度卷积网络结构

网络训练：训练了 49 个 Atari 2600 游戏，每个游戏训练一个神经网络，但是神经网络结构、超参都保持一致，改变奖励函数，将其限定在 −1～1。此外，实验中使用了批大小为 32 的 RMSProp 优化算法，基于 ε 贪婪策略，ε 由 1 线性下降到 0.1 训练模型。实验过程采用跳帧训练的技巧，即不是对每一帧数据都进行学习，而是跳过几帧相同动作的数据，能够避免冗余学习，减少内存的无效占用，达到高效学习的目的。最后，将训练的 DQN 模型用于测试阶段，每次的初始状态都是随机选取，能够减少模型的过拟合程度。

具体来说，设计了两个动作价值函数网络，即 Q 网络以及目标 Q 网络。两个网络进行协同式训练，经过一定训练轮数后进行参数共享。这是因为以往使用深度学习神经网络重构动作值函数都是使用值函数网络在前后时刻的输出作为标签值构建误差函数，然而这种设计会造成网络自身训练不收敛。使用两个 Q 网络的输出作为标签值构建误差函数进行训练，最后再同步两个网络的参数。两种 Q 网络的结构与输入输出关系如图 4.9 所示，其训练步骤总结如下。

(1) 随机初始化 Q 网络和目标 Q 网络的参数，保证两个网络具有相同的初始参数。设置最大迭代次数 M，初始化经验回放池。

(2) 从 1 至 M，每次重复执行 T 次：

① 对智能体以第一视角接受的图像（即状态 s_t）进行预处理，将预处理后的状态用 $\sigma(s_t)$ 表示。

② 将 $\sigma(s)$ 输入至 Q 网络，全连接层输出动作集中每一个动作所对应的 Q 值，随后利用 ε 贪婪策略确定用于状态转移的动作 a_t，即小概率选择随机动作，大概率选择最优动作。

③ 智能体执行动作 a_t，得到下一时刻经预处理的状态 $\sigma(s_{t+1})$ 以及即时奖励 R_t。将经验元组 $\{\sigma(s_t), a_t, R_t, \sigma(s_{t+1})\}$ 投入经验回放池中。

④ 从经验回放池中取一个容量为 n 的经验元组，并分别计算元组中每一个元素所对应的标签值 y_i，其中 R_i 为 i 时刻的即时奖励：

$$\{\sigma(s_i), a_i, R_i, \sigma(s_{i+1})\},\ i=1,2,\cdots,n$$

$$y_i = \begin{cases} R_i, & i = \text{end} \\ R_i + \gamma \max_a Q'(\sigma(s_{i+1}), a_{i+1}), & i \neq \text{end} \end{cases}$$

⑤ 将目标 Q 网络输出的标签值 y_i 与 Q 网络的动作价值估计值 $Q(\phi(s_i), a_i)$ 相结合构成损失函数 $\dfrac{1}{n}\sum_{i=1}^{n}(y_i - Q(\sigma(s_i), a_i))^2$ 对网络进行训练，从而加快动作

函数输出值的收敛。

⑥ 每隔 C 步将 Q 网络参数更新至目标 Q 网络。

⑦ 判断状态 $\sigma(s_{t+1})$ 是否为目标状态，若已达到目标状态则终止此次迭代。若不是最终状态，则返回步骤(2)。

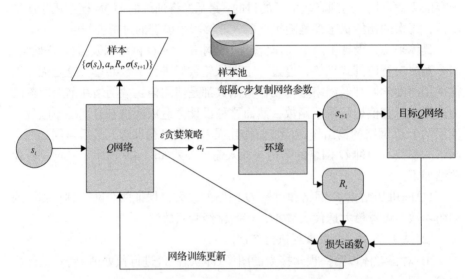

图 4.9 两种 Q 网络的结构与输入输出关系示意图

近年,学者对 DQN 进行了多方面的改进,其中最主要的有如下六种[19]。

(1)双重 DQN(double-DQN)：将动作选择和价值估计分开，避免 Q 值过高估计。

(2)优先回放(prioritized replay)：将经验池中的样本按照优先级进行采样。

(3)竞争 DQN(dueling-DQN)：将 Q 值分解为状态价值和优势函数，得到更多有用信息。优势函数是指对于一个特定的状态，采取一个动作所能得到的价值与这个状态能得到的平均价值的差别。如果采取的动作得到的价值比平均价值大，那么优势函数为正，反之为负。

(4)多步学习(multi-step learning)：训练前期使目标价值估计更为准确,加快训练速度。

(5)分布式 DQN(distributional DQN)：采样估计得到价值分布,减少风险。

(6)噪声网络(noisy net)：与 ε 贪婪策略不同，通过对参数增加噪声，增强模型动作的探索能力。

DeepMind 在论文 "Rainbow: Combining improvements in deep reinforcement learning"中，将上述六种算法进行了整合，提出了 Rainbow 模型，超越了众多深度强化学习算法。与 DQN 算法和六大深度强化学习算法表现基准相比，Rainbow 模型优势在训练 700 万帧后开始显现，在训练 4400 万帧后大幅领先，随后性能提升趋于稳定。

经过改进的 DQN 算法始终没有克服四种比较难的游戏：*Montezuma's Revenge*、*Pitfall*、*Solaris* 和 *Skiing*。原因在于 *Montezuma's Revenge* 和 *Pitfall* 需要进行大量的探索才能获得良好的性能。这涉及学习中的探索-利用问题：训练中应该继续执行已知有效的行为(利用)，还是应该尝试新动作(探索)以发现可能更成功的新策略？探索需要采取许多次优行动来收集必要的信息，以发现最终更强大的行为。*Solaris* 和 *Skiing* 是长期信用分配问题：在这两种游戏中，很难将智能体行为的后果与其收到的奖励相匹配。智能体必须在很长一段时间内收集信息才能获得学习所需的反馈。Agent57 是第一个在所有 57 种 Atari 游戏中都优于人类中等水平基准性能的深度强化学习算法[20]。Agent57 训练 50 亿帧图像后在 51 种游戏上超越了人类，训练 780 亿帧图像后在 *Skiing* 游戏上超越了人类。

Atari 游戏作为深度强化学习算法的一个测试床，代表一类高维输入、离散输出的学习任务，其中涉及的探索与利用、长期信用分配等问题给人工智能带来了挑战。DQN、Rainbow、Agent57 等一系列方法均取得了较大的突破和进展，但在一些游戏项目上与人类顶尖水平还有不小差距。

4.5 围 棋 博 弈

围棋的复杂程度远高于国际象棋，用传统基于人工编写的规则和一些启发式搜索算法难以在有限的时间内穷尽所有的落子状态，因此围棋一度被认为是人类智力游戏的皇冠。围棋被公认为人工智能领域长期以来的重大挑战，国际学术界曾经普遍认为解决围棋问题需要 15～20 年时间。

围棋棋盘如图 4.10 所示，可以抽象为 19×19 的矩阵，其中元素取值分别为 –1、0、1，因此其状态空间为 3^{361}，约为 10^{170} 的巨大状态空间。围棋是完全信息博弈，理论上可以通过暴力搜索所有可能的对弈过程来确定最优走法。但是受制于运行时间、计算机的存储与计算能力，实际情况下并不可行。传统的围棋 AI 算法试图解决搜索复杂度的问题。搜索复杂度取决于搜索空间的宽度(每一步的选择数)和深度(博弈的次数)，对于围棋，宽度约为 250，深度约为 150。

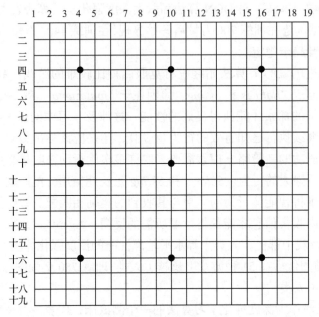

图 4.10　围棋棋盘(19×19)

2016～2017 年，谷歌公司的 AlphaGo 和 AlphaMaster 先后横扫人类顶尖围棋选手。2017 年 10 月，AlphaGoZero 更是在无先验知识的情况下，在 40 天内"左右互博"下了 490 万局棋，以 100∶0 击败 AlphaGo，成为第三次浪潮兴起的标志性事件。

4.5.1　AlphaGo 分析

AlphaGo 结合深度强化学习和 MCTS，通过策略网络选择落子位置，降低搜索宽度，使用价值网络评估局面以减小搜索深度，使搜索效率得到了大幅提升，胜率估算也更加精确，如图 4.11 所示。策略网络根据当前盘面状态选择走棋策略，估计在各个合法位置上下子获胜的可能概率，因为有些下法的获胜概率很低，可以忽略，所以用策略评估就可以消减搜索树的宽度。价值网络用一个"价值"数来评估当前的棋局态势，省略不利于棋局所有后续状态的搜索。AlphaGo 采用深度卷积神经网络，将棋盘特征输入模型进行训练，经过层层卷积，训练价值网络和策略网络，给出落子评分和棋局评分。

策略网络　　　　　　　　　　价值网络

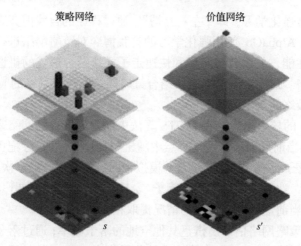

图 4.11　策略网络和价值网络[21]

　　AlphaGo 先进行策略学习（学习如何下子），再进行价值学习（学习评估局面）。

　　第一步是有监督学习，即"打谱"，学习既往的人类棋谱。通过基于深度神经网络的有监督学习，获得在围棋盘面下的落子棋感。学习职业棋手和业余高段棋手的棋谱（数十万份棋谱，上亿数量级的落子方式）。把当前棋局作为输入，预测下一步走棋，对所有可能的下一步走法给一个分数。以策略网络作为第一感，将计算力分配到最有希望的选点，当计算力充沛时，适当分配到其他分值较低的点，分支数从上百个减少到几个。

　　AlphaGo 学习了 KGS 网站（http://www.gokgs.com/）上 3000 万个落子位置。它先随机选择落子位置，利用既往的棋谱来"训练"，试图预测人类最可能在什么位置落子。如果仅用落子历史和位置信息，AlphaGo 的预测成功率是55.7%。如果加上其他特征，预测成功率可以进一步提高到 57%。在数学上，打谱指采用一种梯度下降算法训练模型。给定一个棋局和一个落子方式，计算人类棋手会有多大概率采用这种下法，AlphaGo 用一个 13 层的卷积网络来训练概率评估。这是 AlphaGo 最像人类的一部分，其目的仅仅是复制优秀人类棋手的移动选择。

　　由于策略网络的运行速度较慢（约 3ms），采用局部特征匹配和线性回归设计实现一个快速走子模块，速度比策略网络快 1000 倍（约 2μs）。同等时间下，在搜索时由于快速走子模块速度快，虽然单次估值精度低，但可以多模拟几次计算平均值，效果更好，更能提升棋力。

第二步是强化学习，即"左右互博"，通过程序的自我博弈来发现能提高胜率的策略。AlphaGo 使用强化学习的自我博弈对策略网络进行调整，改善策略网络的性能，使用自我对弈和快速走子模块结合形成的棋谱数据进一步训练价值网络。最终在线对弈时，结合策略网络和价值网络的 MCTS 在当前局面下选择最终的落子位置。

AlphaGo 的核心思想是在 MCTS 算法中嵌入深度神经网络来减少搜索空间。MCTS 从当前局面所有可落子点中随机(给胜率高的点分配更多的计算力)选择一个点落子，重复选择、扩展、模拟和回溯的过程，经多次模拟后(计算越多越精确)，选择胜率最大的点落子。AlphaGo 对弈过程如下。

(1)根据当前盘面已经落子的情况提取相应特征。

(2)利用策略网络估计出棋盘其他空地的落子概率；通过落子概率来计算此处往下发展的权重，选择可能性大的落子作为 MCTS 的扩展节点，初始值为落子输入的概率；利用价值网络和快速走子模块分别判断局势，两个局势得分相加为此处最后走棋获胜的得分。AlphaGo 的价值网络极大地提高了之前单纯依靠 MCTS 来做局势判断的精度。

(3)利用计算的得分来更新之前走棋位置的权重，权重的更新过程是并行的。若某个节点的被访问次数超过了一定阈值，则在蒙特卡罗树上进一步展开下一级别的搜索。

4.5.2　AlphaGoZero 分析

在 AlphaGo 的基础上，DeepMind 进一步提出了 AlphaGoZero[22]。AlphaGoFan(和樊麾对弈的 AlphaGo)和 AlphaGoLee(和李世石对弈的 AlphaGo)都采用了策略网络和价值网络分开的结构，其中策略网络先模仿人类专业棋手的棋谱进行监督学习，然后使用策略梯度强化学习算法进行提升。在训练过程中，深度神经网络与 MCTS 算法相结合形成树搜索模型，本质上是使用神经网络算法对树搜索空间进行优化。

AlphaGoZero 与之前的版本有很大不同，主要体现在：①神经网络权值完全随机初始化。AlphaGoZero 不利用任何人类专家的经验或数据，随机初始化神经网络的权值进行策略选择，随后使用深度强化学习进行自我博弈和提升。②无需先验知识。AlphaGoZero 不再需要人工设计特征，而是仅利用棋盘上黑白棋子的摆放情况作为原始数据输入到神经网络中，以此得到结果。③神经网络结构复杂性降低。AlphaGoZero 将原先两个结构独立的策略网络和价值网络合为一体，合并成一个神经网络。在该神经网络中，从输入层到中间层的权重是完全共享的，最后的输出阶段分成了策略函数输出和价值函数输出。④舍弃快速走子网络。AlphaGoZero 不再使用快速走子网络替换随机模拟，而是完全将神经网络得到的结果替换为随机模拟，从而在提升学习速率的同时，增强了神经网络估值的准确性。⑤在神经网络中引入残差结构。AlphaGoZero 的神经网络采用基于残差网络结构的模块进行搭建，用更深的神经网络进行特征表征提取，从而在更加复杂的棋盘局面中进行学习。⑥硬件资源需求更少。AlphaGoFan 需要 1920 块 CPU 和 280 块图形处理单元(graphics processing unit, GPU)才能完成执行任务，AlphaGoLee 则减少到 176 块 GPU 和 48 块向量处理单元(tensor processing unit, TPU)，而到现在的 AlphaGoZero 只需要单机 4 块 TPU 便可完成。⑦学习时间更短。AlphaGoZero 仅用 3 天时间便达到 AlphaGoLee 的水平，21 天后达到 AlphaGoMaster 水平，棋力快速提升。

从影响因素的重要程度而言，AlphaGoZero 棋力提升的关键因素可以归结为两点：①使用基于残差模块构成的深度神经网络，不需要人工制定特征，通过原始棋盘信息便可提取相关表示特征；②使用新的神经网络构造启发式搜索函数，优化 MCTS 算法，使用神经网络估值函数替换快速走子过程，使算法训练学习和执行走子所需要的时间大幅减少。

1. AlphaGoZero 的深度神经网络结构

AlphaGoZero 的深度神经网络结构有两个版本，两个版本的神经网络除了中间层部分的残差模块个数不同，其他结构大致相同。神经网络的输入数据为 19×19×17 的张量，具体表示为本方最近 8 步内的棋面和对方最近 8 步内的棋面以及本方执棋颜色。所有输入张量的取值为 0 或 1，即二元数据。前 16 个二维数组型数据直接反映黑白双方对弈距今的 8 个回合内棋面，以 1 表示本方已落子状态，0 表示对方已落子或空白状态。而最后 1 个 19×19 的二维数组用全部元素置 0 表示执棋方为白方，置 1 表示执棋方为黑方。

AlphaGoZero 神经网络结构的三个主要模块如图 4.12 所示。输入层经过 256 个 3×3、步长为 1 的卷积核构成卷积层，经过批归一化处理，以 ReLU 作为激活函数输出。中间层为 256 个 3×3、步长为 1 的卷积核构成的卷积层，经过两次批归一化处理，由输入部分产生的连接信号作用一起进入 ReLU 激活函数。输出部分分为两个部分：一部分称为策略输出，含 2 个 1×1、步长为 1 的卷积核构成的卷积层，同样经过批归一化和 ReLU 激活函数处理，再连接神经元个数为 19×19(棋盘交叉点总数)+1(放弃走子(passmove))=362 个线性全连接层。使用对数概率对所有输出节点作归一化处理，转换到[0, 1]；另一部分称为估值输出，含 1 个 1×1、步长为 1 的卷积核构成的卷积层，经批归一化和 ReLU 激活函数以及全连接层，最后再连接一个激活函数为 tanh 的全连接层，且该层只有一个输出节点，取值范围为[−1, 1]。

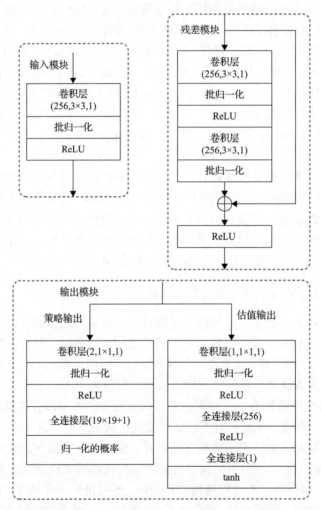

图 4.12　AlphaGoZero 神经网络结构的三个主要模块

2. AlphaGoZero 的训练流程

AlphaGoZero 的训练流程可以分为四个阶段。

（1）以当前棋面作为数据起点，得到距今最近的本方历史 7 步棋面状态和对方历史 8 步棋面状态，将其拼接在一起，并以此开始进行评估。

（2）使用基于深度神经网络的 MCTS 展开策略评估过程，经过 1600 次 MCTS，得到当前局面的策略和参数下深度神经网络输出的策略函数与估值。

（3）由 MCTS 得到的策略，结合模拟退火算法，在对弈前期，增加落子位置多样性，丰富围棋数据样本。一直持续这步操作，直至棋局结束，得到最终胜负结果。

（4）根据上一步所得的胜负结果与价值使用均方和误差，策略函数和 MCTS 的策略使用交叉信息熵误差，两者一起构成损失函数。同时并行反向传播至神经网络的每步输出，使深度神经网络的权值得到进一步优化。

3. AlphaGoZero 启示

AlphaGoZero 的成功证明了在没有人类经验指导的前提下，深度强化学习算法仍然能在围棋领域出色地完成这项复杂任务，甚至比有人类经验知识指导时达到的水平更高。在围棋下法上，AlphaGoZero 比此前的版本创造出了更多前所未见的下棋方式，为人类对围棋领域的认知打开了新的篇章。

1）局部最优与全局最优

虽然 AlphaGo 和 AlphaGoZero 都以深度学习作为核心算法，但是核心神经网络的初始化方式不同。AlphaGo 基于人类专家棋谱使用监督学习进行训练，虽然算法的收敛速度较快，但易于陷入局部最优。AlphaGoZero 则没有使用先验知识和专家数据，避开了噪声数据的影响，直接基于强化学习以逐步逼近至全局最优解，使得最终 AlphaGoZero 的围棋水平要远高于 AlphaGo。

2）大数据与深度学习的关系

AlphaGoZero 不需要使用任何外部数据，完全通过自学习产生数据并逐步提升性能，并且伴随智能体水平的提升，产生的样本质量也会随之提高。这些恰好满足了深度学习对数据质与量的需求。

3）强化学习算法的收敛性

强化学习的不稳定和难以收敛一直被研究者诟病，而 AlphaGoZero 刷新了人们对强化学习的认知，给出了强化学习稳定收敛、有效探索的可能性。通过搜索算法，对搜索过程进行大量模拟，根据期望结果的奖励信号进行学习，使强化学习的训练过程保持稳定提升的状态。

4）算法的叠加与裁剪

研究 AlphaGoZero 的成功会发现以往性能优化的研究都是在上一个算法

的基础上增添技巧或外延扩展，以"叠加"的方式提升。而 AlphaGoZero 却与众不同，其是在 AlphaGo 的基础上作减法，将原来复杂的 3 个网络模型缩减到 1 个网络模型，将原来复杂的 MCTS 的 4 个阶段减少到 3 个阶段，将原来的多机分布式云计算平台锐减到单机运算平台，将原来需要长时间训练的有监督学习方式彻底减掉。

目前来看，AlphaGo 中神经网络的成功主要还是基于卷积神经网络。AlphaGoZero 所蕴含的算法并非十分复杂，而且这里面的很多算法都早已被前人提出及实现。但是以前这些算法，尤其是深度强化学习等算法，通常只能用来处理规模较小的问题，在大规模问题上难以达到较好的效果。AlphaGoZero 的成功刷新了人们对深度强化学习算法的认识，并使人们对深度强化学习领域的研究更加充满期待。深度学习已经在许多重要的领域被证明可以取代人工提取特征得到更优结果，在与强化学习结合后更加有效，甚至有可能颠覆传统人工智能领域，进一步巩固和提升机器学习在人工智能领域的地位。

AlphaGo 的技术突破得益于深度学习算法的应用，决策过程大致可分三步：①通过学习专家棋谱，构建有监督学习策略网络，在此基础上，采用强化学习算法进行自我博弈，进化形成强化学习策略网络，输出棋盘落子概率，模拟人类的落子棋感。②采用强化学习的方法进行自我博弈，形成价值网络，输出当前棋面下的赢棋概率，模拟人类胜负棋感。③采用 MCTS 进行搜索验证，加权融合有监督学习策略网络、增强学习策略网络和价值网络，确定最后的落子方案，这类似于人类思考的过程。AlphaGo 系列技术在围棋人机对抗中不仅取得了压倒性的优势，而且完全脱离人类知识从零开始学习，学到很多人类围棋选手无法理解的定式。

在回合制对抗博弈中，AlphaGo 和 AlphaGoZero 可以称为人工智能历史上的里程碑，推动人工智能不断向前发展。

4.6 《星际争霸》游戏对抗

《星际争霸》是一款由暴雪娱乐公司发布的即时策略游戏，游戏玩家需操作多兵种在地图上采集资源、生产兵力并进行对战，与围棋、德州扑克等棋牌类游戏相比，复杂程度更高，技术挑战更大，对军事智能博弈对抗也更有研究借鉴意义[23,24]。

《星际争霸》系列游戏目前主要有两部作品，分别于 1998 年和 2010 年发行，如图 4.13 所示。《星际争霸》系列游戏以细致逼真的游戏环境和新的竞技模式广受玩家欢迎，在全世界玩家和相关比赛众多。《星际争霸》提供三种类型的角色供玩家选择：人族（Terran）、虫族（Zerg）、神族（Protoss）。每个种族均包括多种生命角色、战斗装备、功能建筑等多类型单元，具有优秀的平衡设计。

(a)　《星际争霸》

(b)　《星际争霸2》

图 4.13　　《星际争霸》系列游戏界面

　　2019 年，DeepMind 的《星际争霸》AI——AlphaStar 打败了职业玩家，超过了 99.8% 的人类玩家水平[25]。AlphaStar 由一个复杂的深度神经网络组成，网络的输入是战场态势，输出是《星际争霸》游戏中实体动作的一系列指令。首先，AlphaStar 采用监督学习进行对战训练，从而模仿高水平玩家的微观操控和宏观战术，使其一开始就击败了 95%的精英电脑玩家；随后，采用强化学习方法，结合 Actor-Critic 网络架构训练策略网络和价值网络，使用优先虚拟自博弈和联盟训练策略进一步提高其鲁棒性和泛化能力。值得注意的是，AlphaStar 依托于大量人类顶尖玩家的数据，并非像围棋 AI 那样不可战胜，经过人类玩家的探索和尝试已发现若干制胜策略。2020 年，国内启元世界自主研发的《星际争霸》AI——"星际指挥官"击败人类职业玩家，达到人类顶级高手水平。

《星际争霸》AI 解决的复杂博弈对抗问题分为两类[26]：一类是全流程对战(full game)，要求 AI 实现游戏内所有人类玩家的操作与控制，如采集资源、修建建筑、升级科技、出各种类型兵、侦察、对抗操作等。全流程对抗问题更为复杂，所需的计算资源更多，大多采用《星际争霸 2》的 AI 研究环境[27]，主要研究机构有谷歌 DeepMind、南京大学、腾讯、启元世界等。另一类是微观管理(micromanagement)，即微操，是全流程对战的重要组成部分，要求 AI 结合精确移动和攻击操作实现对我方智能体的有效控制，摧毁更多的敌方智能体，同时减少我方智能体的损失，使我方能够在不利的情况下获胜。与全流程对抗不同，微观管理是在给定兵力、地形环境和对手的条件下进行对抗，与军事集群协同对抗具有很大的相似程度。微观管理所需的资源较少，大多采用《星际争霸》的 AI 研究环境，主要研究机构包括美国的纽约大学、Facebook，英国的伦敦大学学院、牛津大学，我国的中国科学院自动化研究所、国防科技大学、阿里巴巴集团等。举例来说，一般常见的微操有以下类型。

(1)集火攻击：将我方的火力集中到少量的敌方智能体，可以更快地消灭敌人同时减少敌人对我方的伤害。

(2)边打边撤/"放风筝"(kiting)：我方快速移动的智能体在与敌方移动速度较慢并且有较短攻击距离或者更短的冷却时间的智能体对战时，我方智能体能采取攻击—逃跑—攻击—逃跑的循环操作，来输出伤害，并且减少所受伤害。如果敌方智能体的攻击距离短，我方智能体能在其攻击距离之外进行攻击，从而可以避免伤害；如果敌方智能体的冷却时间更短，则能使得其失去攻击机会。

(3)拉兵：将我方受伤的智能体撤回至安全区域，换上健康的智能体上前线承受敌方的攻击伤害，这样使得受伤的智能体仍然能够输出火力。

(4)卡位：当敌方智能体想逃跑时，我方智能体能够在其逃跑路线上阻碍其移动，使得我方攻击智能体有更多的时间进行攻击。

(5) 围杀：我方多个智能体包围敌方智能体使其不能移动，同时集中火力攻击被包围的敌方智能体。

(6) 分割包围：我方智能体将敌方智能体进行分割和包围，在局部形成兵力火力优势，从而各个击破。

(7) 攻击阵型保持与优化：我方智能体在对战中要保持良好的攻击阵型，我方智能体能够火力全开，不会相互阻挡或干扰，并随着对战过程中双方智能体的损伤而不断调整优化攻击阵型。

4.6.1　全流程对战主要技术分析：AlphaStar

采用博弈学习的方法解决《星际争霸》全流程对战面临的主要困难和挑战有以下两个方面。一是《星际争霸》游戏本质困难：《星际争霸》动作空间组合数目较多，需要针对每个智能体选择动作的类型，然后可能还需要从地图中选择作用的位置(如走到某个位置)，最后还需要选择什么时候进行下一个动作；一局游戏需要几万步决策，但是最后只有一个稀疏的奖励(胜或负)；博弈决策基于不完全信息，要求去侦察探索；对于操作速度(action per minute，APM)有限制，并且也受到网络延迟和计算延时的影响。二是博弈策略学习的困难：主要是自博弈策略循环、偏移与遗忘问题。采用自博弈方法来学习策略，在学习过程中可能会出现循环制胜策略。例如，学习到的 B 策略打败了之前的 A 策略，接下来学习到的 C 策略打败了 B 策略，最后又重新学习到了 A 策略发现它能打败 C 策略。《星际争霸》游戏策略(战术)多种多样，如果纯使用自博弈来学习，学习到的策略可能会发生偏移和遗忘，不能有效对抗人类多变复杂的策略。

1. AlphaStar 对战运行流程

AlphaStar 的目标是训练出一个可以战胜所有可能策略的最强策略网络，整体技术路线是首先监督学习进行预训练，然后强化学习进行后续对抗训练。AlphaStar运行于消费级的桌面GPU之上，从感知到动作执行平均延迟113ms，平均 APM 值大于 200，低于人类玩家的 APM 值。AlphaStar 与人类玩家对战运行流程如图 4.14 所示。

2. AlphaStar 网络训练

AlphaStar 是一个复杂的深度神经网络。首先，采用不同的网络处理不同

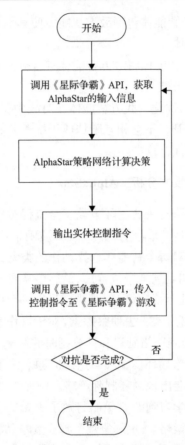

图 4.14 AlphaStar 与人类玩家对战运行流程

的输入信息，如用多层感知器处理标量信息，用 Transformer 网络处理变长度的实体列表信息，用 Resnet 处理图像信息；其次，采用深度 LSTM 网络对结构化动作空间进行解耦，按照链式规则依次输出动作要素；最后，采用 Actor-Critic 架构设计策略网络和价值网络。其中 Transformer 网络将每一个实体的信息处理变为一个等长向量，对于所有向量取平均值得到实体嵌入向量，即实体编码(entity encoder)；地图信息通过 Resnet 处理变为一个定长的向量。

AlphaStar 的输入信息包括以下几类。

(1)实体信息：在每个时刻，智能体能够看到 N 个实体(兵、建筑等)信息，每个实体采用长度为 K 的向量描述，随着时间推进，实体的数量会发生变化，采用动态列表表示，这些实体可能是我方、敌方或者中立的。

(2)地图信息：抽象为 20 个 176×200 的矩阵，描述全局地图中的信息，如是否可见、是否可以建造、是否有单位正在被攻击等。

（3）玩家数据：种族、我方和敌方可见的科技升级情况、统计量等标量数据。

（4）游戏统计数据：当前镜头（为一个 32×20 游戏单位大小的区域，小地图）位置、游戏时间等标量数据。

AlphaStar 的输出采用链式规则，依次输出动作的各个要素。

（1）动作类型：如移动单位、生产/训练单位、升级建筑、移动镜头、攻击或无操作等；

（2）选中单位：选中执行动作的一个或多个实体单位；

（3）目标：动作执行的目的地（如移动、建造动作）或攻击对象（如攻击动作）；

（4）是否立即执行动作：放入执行队列或者立即执行；

（5）是否重复执行动作：表示该动作是否需要多次重复执行；

（6）等待多久才接收下一次输入：表示等待多少个游戏时间步长再接收下一个观测，模仿人类的延迟。

AlphaStar 训练流程如图 4.15 所示，首先是监督学习训练，然后是强化学习训练。

监督学习可以解决神经网络初始化问题，目的是利用大量的人类数据学会较好的神经网络初始化参数。解决方法是：首先解码人类对局录像，在每个对局时刻，解码游戏的状态并得到观察；其次将观察输入网络，得到输出动作的概率分布；最后计算智能体输出与人类数据的 KL（Kullback-Leibler）损失，优化神经网络参数，分别针对每个输出计算损失，例如，对动作类型计算交叉熵，对目标位置计算均分误差。

统计量 z 是从人类对局数据抽取出来的统计量，包括建造顺序向量（最初 20 个建筑或单位的建造顺序）和累计数据（如各个建筑/单位、效果和升级等统计信息）。在强化学习和监督学习的过程中，所有的策略学习都会基于统计量 z。统计量 z 体现了人类专家的领域知识。在监督学习过程中，统计量 z 将影响神经网络损失的计算，使神经网络生成的动作尽可能满足统计量的分布。在实际学习过程中，统计量 z 有一定的概率（如 10%）置为 0。

监督学习训练时采用课程学习的技术，从易到难，先使用天梯积分为 3500 的玩家录像进行训练；再用天梯积分为 6200 的玩家录像进行策略微调。

强化学习的目标是优化策略，使得期望奖励最大，其难点在于离线策略学习模式，训练的模型和采样的模型不一致，动作空间高度复杂，拟合价值函数

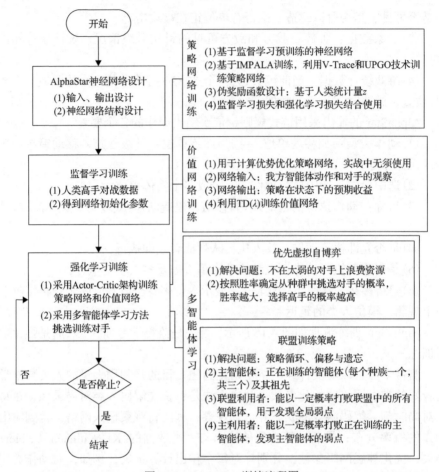

图 4.15　AlphaStar 训练流程图

很难。在解决方法上，采用 Actor-Critic 架构，主要基于重要性加权的行动者–学习者架构(importance weighted actor-learner architectures，IMPALA)技术，利用 V-Trace(处理离线策略学习数据)和向上策略更新(upgoing policy update，UPGO)(模仿人类学习)技术训练策略网络；输入对手数据，利用 $TD(\lambda)$ 训练价值网络。在训练时将监督学习和强化学习损失结合使用，指导加快策略收敛。

在强化学习的过程中，统计量 z 有两个作用。一个是约束动作空间：基于该统计量，学习过程有一个损失值用于最小化和有监督版本智能体的 KL 损失，保证学习到的策略要一定程度接近于监督学习的模仿策略版本，这与监督学习中一致。另一个是设计伪奖励(pseudo-reward)函数：根据统计量 z 和当前的游戏进行过程的累计统计量 z 的差异来计算伪奖励，具体包括建造顺序计算编辑距离(edit distance)、累计数据计算汉明距离(Hamming distance)。伪奖励能一定程度地引导策略模仿人类行为，缓解稀疏奖励的问题，加速策略训练。

在多智能体学习过程中采用了优先虚拟自博弈 (prioritized fictitious self-play，PFSP) 和联盟训练(league training)策略等方法以有效提高胜率。智能体的对手是一个联盟而不是自己(即自博弈)，联盟是一组对手策略池，这个对手策略池内的每个对手可能有完全不同的策略(战术)。智能体训练目标是要打败联盟中的所有对手，而不是单纯自博弈打败自己当前的对手。

虚拟自博弈是指智能体需要击败历史上所有的对手，而不是仅仅打败自己。优先是指在选择对手进行对抗训练时，越难以战胜的对手有越大的优化权重，而不是对所有对手采用相同的权重进行优化。优先虚拟自博弈按照优先级权重挑选对战的对手，能有效避免策略循环和浪费资源在那些很弱的对手训练上。首先，采用收益估计矩阵进行描述，表示和联盟中对手进行对抗的胜率，每一轮对抗后进行更新。其次，基于收益估计矩阵为任意 2 个对战智能体的选取概率赋予权重，越难以战胜的智能体有更高的权重被选择。智能体 A 和 B 对战的概率可以通过下式进行计算：

$$P(A与B对抗) = \frac{f(P(A击败B))}{\sum_{C \in \mathbb{C}} f(P(A击败C))}$$

其中，P 表示概率；$f:[0,1] \rightarrow [0,\infty)$ 表示权重函数，例如 $f_{\text{hard}}(x) = (1-x)^p$；$\mathbb{C}$ 表示所有智能体集合。

联盟训练的目的是提高 AlphaStar 策略的鲁棒性和泛化能力，寻找战胜联盟的混合策略。在方法上，联盟中包含三类智能体。①主智能体：正在训练的智能体(每个种族一个，共三个)及其祖先，训练目标是得到最强鲁棒策略；主智能体的对手按照一定的概率与自己、整个联盟、主利用者及其历史主智能体进行选择。②联盟利用者：能以一定概率打败联盟中的所有智能体，用于发现全局弱点；联盟利用者与整个联盟对抗，寻找联盟无法打败的策略。③主利用者：能以一定概率打败正在训练的主智能体，用于发现主智能体的弱点，主利用者的对手是当前主智能体集合。三种智能体都定期 $(2\times10^9$ 步) 将自己的权重快照加入联盟；联盟利用者和主利用者有 70%概率击败他的对手时，也将权重快照加入联盟。

3. AlphaStar 评述

从机器学习的角度来看，AlphaStar 采用监督学习和强化学习方法进行训练学习。监督学习采用模仿学习的方式学习人类顶尖玩家的制胜策略，用人类数据进行约束，缩小探索空间，避免产生大量无效的样本。强化学习利用人类数据构造伪奖励函数，引导策略模仿人类行为，缓解稀疏奖励的问题，加速策略训练，结合监督学习避免生成与真实情况差异过大的对抗策略，缩小鲁棒训练时所需要的种群规模，最终基于人类顶尖玩家对战轨迹学习一个更加鲁棒、泛化的策略，以应对其他对手策略。

从博弈论的角度来看，AlphaStar 的策略优化是找到联盟中最有效的混合策略，联盟中的智能体在不断地演化和进化，使得 AlphaStar 随着训练进程持续进步。随着时间的推移，主利用者的性能实际在降低，而主智能体相对于其祖先表现得更好，这两者都表明主智能体（AlphaStar）变得越来越鲁棒。

从耗费资源的角度来看，AlphaStar 采用 Google V3 TPUs 分布式的训练设施，需要大量的智能体从数千个《星际争霸》的并行实例中学习，最终训练了 44 天，大约创建了 900 个智能体，训练完成后的神经网络在游戏对战时可以运行在一个消费级的桌面 GPU 上。

4.6.2　微观管理主要技术分析

《星际争霸》的微观管理方法主要可以分为集中式方法、中心化训练与分布式执行方法两类。

1. 集中式方法

集中式方法采用同一个策略网络生成所有的智能体动作，每个智能体是动作的执行者，收到动作指令以后负责在环境中执行，典型的算法有 BiCNet、进化策略算法和参数共享多智能体梯度下降 Sarsa(λ) 算法等。

BiCNet 由一个策略网络和一个价值网络组成。策略网络的输入是共享的观测信息加上每个智能体的局部观测信息，输出是每个智能体的动作。价值网络的输入是共享的观测信息加上每个智能体的动作，输出是每个智能体的 Q 值及其 Q 值之和。策略网络和 Q 网络都基于双向 RNN 结构。因为双向 RNN 结构不但可以作为智能体间的通信通道，还可以作为本地的记忆器，使得智能体在保持其内部状态的同时能与其他智能体共享信息。具体来说，多智能体通信采用双向 LSTM 网络建立智能体间的通信模型,为减少模型的计算量,对模型每层神经元的个数和层数都进行限制。双向 LSTM 网络能较好地平衡通信的数据量以及计算量,同时能够处理动态变化的智能体数量,如兵力被消灭或有新的兵力加入。

如图 4.16 所示,在策略网络动作探索的方式上主要有以下两种方式:第一种是策略梯度优化方法,在动作上添加噪声进行探索,不同的动作带来不同的奖励,通过奖励的大小来计算梯度,再反向传递梯度,更新策略网络的权重;第二种是进化策略方法,直接扰动神经网络权重参数,不同的权重参数带来不同的奖励,通过奖励大小对应的权重按照一定的比例更新策略网络的权重,进化策略方法一般采用并行计算方法。

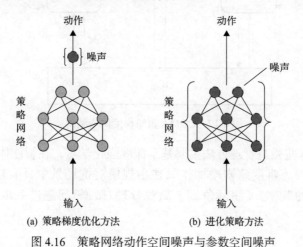

图 4.16　策略网络动作空间噪声与参数空间噪声

2. 中心化训练与分布式执行方法

中心化训练与分布式执行方法采用 Actor-Critic 架构,其中典型的方法有 COMA 策略梯度等。COMA 策略梯度采用分布式策略网络和集中式价值网络的架构,如图 4.17 所示[14]。每个智能体拥有自己独立的策略网络,策略网络参数的更新受到价值网络输出的优势函数的指导。策略网络的输入主要是智能体的局部观察,输出为智能体的动作和策略;集中式价值网络的输入包括所有智能体的策略、动作、全局状态表征和奖励值等,输出为每个智能体的优势函数。集中式价值网络是一个具有多个 ReLU 层和全连接层的前馈网络。算法可扩展性的限制瓶颈不是来自于集中式的价值网络,而是来自于多智能体动作探索的难度。在《星际争霸》游戏的单位控制测试环境中使用具有部分可观的去中心化变量评估了 COMA 策略梯度的表现。与这个环境下的其他多智能体 Actor-Critic 方法相比，COMA 策略梯度的平均表现有显著提高，而且 COMA 策略梯度得到的最好的智能体的表现可以和顶尖的具有全状态数据的中心化控制方法相提并论。

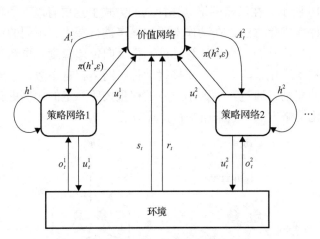

图 4.17　COMA 策略梯度网络结构

　　当前，这些微观管理方法主要基于深度强化学习，在智能体数量较多、兵种异构时训练难度急剧增加，只在小规模对抗场景中具有较好的效果，能达到较高的胜率。《星际争霸》微观管理（微操）问题进一步研究可参考文献[26]。

4.7　兵棋博弈对抗

　　兵棋博弈对抗利用兵棋模拟战争活动，军事指挥员使用代表环境和军事力量的棋盘和棋子，依据军事规则和概率论原理，模拟战争对抗，对作战方案进行过程推演和评估优化。兵棋 AI，指在兵棋博弈对抗中采用先进人工智能方法控制棋子进行军事对抗，通过算法间的持续博弈训练，不断进化提升能力，其本质是智能算法程序。通过兵棋 AI 开展人机对抗，有助于人们发现问题，查找弱项，提高作战训练水平。特别是将深度学习、强化学习等算法引入兵棋系统后，智能系统的行为将变得深邃多变，有助于突破人类的既定思维，增强兵棋推演的对抗性和真实性，达到优化方案的目的；开展机机对抗，可以提高推演效率，通过自我博弈对抗生成创新战法。

在快速判断战场态势方面，传统的方式是侦察获取多维战场态势后，依靠人工判图、辨别信号或比对频率，分析判断敌情。而基于人工智能的辅助，在大数据和深度算法的支撑下，就可极大提高效率，快速形成战场态势，以料敌先行。在智能决策方面，依托在兵棋推演中形成的人工智能大脑，人工智能可充当智能参谋，作战计划和方案会快速形成、自动校验，会实现多级协同、自动避免误伤，多种行动方案快速评估与优化，抢占先机。

4.7.1 兵棋 AI 兴起与发展

1. 面临的困难和挑战

与游戏相比，现有智能博弈技术应用于军事领域仍然面临以下技术上的困难和挑战[28]。

（1）战场环境具有不透明性。国际象棋、围棋是典型的完全信息条件下的博弈游戏，对垒双方全部掌握局面状态；德州扑克属于不完美信息对弈游戏，但未公开的牌面信息只可能发生在一定概率区间内，多轮博弈后可根据概率判断。《星际争霸》游戏虽然设置了"战场迷雾"，双方位置部署及发展策略初期均不可见，但一旦己方有一个单位运动到指定地域，那么该地区敌方的所有部署均一目了然。而在实际作战中，受战场环境、伪装和侦察能力等因素的制约，"战场迷雾"在物理作战域客观而广泛地存在。这种战争信息的不透明性，给基于先验知识推理未知领域构建类似 AlphaGo 的深度策略网络带来了极大的困难。

（2）局面状态具有高复杂性。围棋、国际象棋和德州扑克等棋牌类游戏的局面复杂度虽有不同，但均是一个有限集合。《星际争霸》游戏中，作战单元数量有上限，每个单元都存在一些复杂的内在状态，且可能存在于地图上的任一点，这使得《星际争霸》游戏需要处理的状态空间和动作序列非常大，但使用现有算法和算力仍有希望解决。而在军事行动中，战场空间多维、参战兵力多元、作战方式多样、对抗关系动态，呈现出开放的复杂巨系统特征，这不仅在算法层面上对战争抽象建模提出了挑战，而且对现有人工智能芯片的运算能力提出了更高的要求。

（3）行动进程具有强动态性。传统棋牌类游戏是一种轮次博弈，在对手做出决策前己方不能有任何动作，此时局面状态是静态的，这就为使用人工智能算法构建策略网络、输出当前局面下的棋盘落子概率提供了数据基础和时间保障。《星际争霸》游戏类似于战争，局面状态连续演进，双方可以同时进行操作，从本质上来说，AlphaStar 根据时间片段将局面状态进行了细化分割，再使用类似围棋的解决方法。战争与《星际争霸》都具有非轮次博弈的属性，从实现原理上来说，使用时间离散的方法对局面进行分段静态化是可行的。但与此同时，战场上每时每刻都充斥着兵力兵器的此消彼长，发生各类应急突发情况，使用时间离散序列的方式进行战场抽象建模和策略网络构建，必将面临"时间太细则复杂度剧增、时间太粗则抽象模拟不够真实"的问题。

(4) 行为规则具有不确定性。棋牌类游戏的规则是一致、清晰且公平的，落子或出牌策略遵循共同的游戏规则。《星际争霸》游戏双方前期经济总量一致，所处生存环境非常公平。而在现实战争中，敌对双方经济总量、科技发展水平和军事力量总有强弱之别，战争进程和战局变化很大程度上取决于经济耐受程度和国民经济动员能力。出奇制胜的作战样式和另辟蹊径的作战思维不仅为各方所允许，甚至是各方推崇追寻的目标。这种规则不对等、动态变化的特征，使得建立一个通用的算法来解决战争问题具有更大的不确定性。

此外，2019 年 9 月，美军提出了重塑竞争力的"马赛克战"作战概念，体现了美军应对大国博弈的最新作战理念与思想。"马赛克战"试图打造一个由先进计算传感器、多样化集群、作战人员和决策者等组成的具有高度适应能力的弹性杀伤网络，将观察、判断、决策、行动等阶段分解为不同力量的结构要素，以要素的自我聚合和快速分解的无限多种可能性来降低己方脆弱性，并使对手面临的问题复杂化，从而制造新的"战争迷雾"。

2. 研究现状

《星际争霸》游戏与兵棋博弈对抗问题在科学问题本质上并无区别，都是试图解决不完全信息下的复杂动态博弈问题，并且具有类似的困难与挑战，如战争迷雾导致的不完全信息；动作空间巨大、策略自适应，能采用的战术战法很多，可能会相互克制，没有绝对的制胜策略，需要自适应调整；多兵种协同协作配合，形成体系优势；作战效果具有随机性和不确定性。当前以《星际争霸》AI 为代表的智能博弈技术取得关键突破，为兵棋博弈对抗问题解决提供了新的理论和方法，并有望走入实战。联合作战智能博弈技术试图解决作战筹划这一指挥控制领域世界公认的最核心、最复杂的业务，旨在指挥员筹划和指挥过程中，以机器辅助制定计划和实时决策。一旦技术突破，将颠覆以往专家经验+规则知识为主的筹划方式，使得当前以人为主的指挥决策模式向人机融合方向转变。

美空军利用兵棋推演和人工智能训练无人机蜂群，即时控制大量无人机个体超出了人类的认知能力。相反，每个无人机必须能够执行整个群体的基本特征，即独立协调自己的决策以产生支持集体目标的行为。因此，为了有效地将无人机用作蜂群，人类必须将更多的行动自由委托给其自治系统的集体决策算法。将人工智能纳入兵棋推演平台，提出快速做出高质量决策的算法，满足空军日益增长的蜂群无人机和"忠实僚机"项目的需求。采用人工智能技术，基于兵棋推演可以模拟高级决策、行动、互动的空中无人机蜂群行为。通过使用 AI 完成数百万次任务特定的兵棋推演迭代，揭示了个体无人机交互的最佳规则，推动支持特定任务的无人机集体群体行为。例如，在保卫基地的蜂群防御中，AI 不是求解集中式解决方案来管理整个蜂群的位置，而是迭代地发现个体交互的最佳规则，产生集体群体行为，最大限度地减少攻击力造成的基础伤害。最终，由此产生的 AI 训练的本地交互规则加载到真实世界的每个无人机中，准备执行特定的基本防御任务。优化的本地无人机交互规则可实现自组织和分散，从而减少人员监督以执行特定任务。

美国 DARPA 战略技术办公室(Strategic Technology Office, STO)制定"破坏者"计划，旨在开发人工智能并将其应用于现有的实时策略兵棋之中，以打破复杂模型所造成的不平衡并增强军事战略。利用人工智能来优化交战模型可以帮助实现智能系统，在海空战兵棋《指挥：现代作战》高度复杂的仿真环境中建模和打破平衡。《指挥：现代作战》是一款现代海空战争的兵棋。该兵棋中涉及大量数据建模、地图、等高线、射程图等，非常真实地展现出了现代战争中指挥官的视角，是 DARPA 在"破坏者"计划中分析的唯一一款兵棋。

2020 年 8 月，在近距空战项目中，美国苍鹭系统公司的 AI 算法(简称苍鹭 AI)以 5∶0 的成绩大胜真实人类飞行员团队。苍鹭 AI 至少进行过 40 亿次仿真学习，并获得了至少 12 年经验。苍鹭 AI 以其难以置信的精确打击，通过一系列圆环交汇迅速击败了人类飞行员 Banger，从而快速赢得了前四场胜利。在第五场也就是最后一个回合中，Banger 改变了进入方式，使他的 F-16 从苍鹭 AI 控制的 F-16 上空"杀出"，并以高过载转弯进行摆脱。但是，新策略似乎只是在延迟这种不可避免的结果，苍鹭 AI 再次击败了 Banger，而 Banger 却没有对目标进行任何射击。DARPA 和整个比赛中观摩的空军飞行员普遍称苍鹭 AI 飞行员"具有攻击性"。

国内兵棋 AI 的研究基本采用竞赛+项目支撑的方式。目前，国内已形成了以下三大基于兵棋的军事智能博弈对抗竞赛。

(1)全国"先知·兵圣"人机对抗挑战赛：由国防科技创新特区举办，以兵棋推演等作战模拟对抗技术为手段，旨在深入贯彻军民融合的战略思想，促进博弈对抗技术在国防教育、军事训练等领域的发展应用，包括战术级和战役级人人、机机及人机混合对战模式。

(2)全国兵棋推演大赛：由中国指挥与控制学会主办的全国性国防教育公益主题赛事活动，包括人人、人机、机机对战模式。其中的专项赛自 2020 年设立以来，比赛规模和质量逐年提升。2022 年专项赛提级升格为独立的全国性比赛——"全国联合海上作战智能算法赛"，需要选手提交兵棋智能体进行对抗博弈。

(3)全国"谋略方寸·联合智胜"联合作战智能博弈挑战赛：由中央军委装备发展部主办，主要采用机机对抗模式，目的为在典型联合作战场景下，设计实现能够协同规划多军兵种力量、筹划多种作战任务的 AI 算法。2020年赛题选取经典的联合岛屿进攻作为任务场景，具有海空兵力联合典型特征，采用非回合制实时对抗形式，参赛选手提交训练好的攻击和防守 AI 算法，选手间 AI 算法互为攻防，自主决策展开作战行动。

针对比赛想定，各参赛队伍开发了大量的兵棋 AI 程序，通过与人类高手的对抗，发现这些兵棋 AI 程序还不完善，缺陷和弱点明显，难以击败专业的人类选手。其中有代表性的是中国科学院自动化研究所研制的"CASIA-先知V1.0"，在不完全信息博弈对抗领域，运用人工智能最新成果开发的数据与知识混合驱动的兵棋 AI 系统，已经迈出了坚实的第一步。在 2017 年全国首届兵棋推演大赛上，"CASIA-先知 V1.0"在兵棋推演人机大战中与全国决赛阶段军队个人赛四强和地方个人赛四强的 8 名选手激烈交锋，最终以 7∶1 的战绩大胜人类选手，展现了人工智能技术在博弈对抗领域的强大实力，但其还是难以战胜专业的部队指挥员。

在项目支撑方面，军方对国内优秀的智能博弈团队开展相关项目支撑研究。

4.7.2 智能兵棋系统

一般来说，智能兵棋系统由计算机兵棋系统、AI 编程接口和兵棋 AI 算法组成。

1. 计算机兵棋系统

现代兵棋是由普鲁士的官员冯·莱斯维茨于 1811 年发明的一种作战模拟工具，当时用沙盘、棋子和计算表模拟军队的交战过程。

对于严格意义上的兵棋定义，现在有不少争议。2011 版《中国人民解放军军语》中，兵棋是指"供沙盘或图上作业使用的军事标号、图形和表示人员、兵器地形的模型式棋子"。定义主要特指"棋子"。而在美军的 2008 版《国防部军事及相关术语辞典》中，兵棋是"为描述现实或假设的真实情况而运用规则、数据和程序，以任何一种方式对两支或多支对抗部队的军事行动所进行的模拟"。总之，兵棋是指运用表示战场和军事力量的地图和棋子，依据从战争和训练实践经验中抽象的规则，利用概率原理，采用回合制，模拟双方或多方决策对抗活动的工具。

传统的手工兵棋一般由棋盘、棋子和规则构成，分别用来模拟作战环境、作战实体和作战规则。棋盘是兵棋的重要组成部分，是对战场地理空间环境的描述和表达，通常采用六角格网进行战场空间离散化处理，并将各种地理要素描述到六角格上，构成六角格网环境模型。棋子代表不同种类、不同兵力的作战单位，是兵棋推演的主体。推演双方的指挥员分别操控一定量的棋子开展军事行动，以达到预定的作战目标。规则是兵棋推演的核心，通过对真实作战过程的抽象和总结得到，规则设置的合理性与作战模拟的可信度直接相关。由于手工兵棋上的规则比较烦琐和复杂，每一步行动都需要查找规则或裁决表以决定结果，每一场推演都耗费大量的人力、时间和精力，客观限制了手工兵棋的发展。在一些探索性的兵棋推演中，手工兵棋仍有使用价值，因为此时去设计开发计算机兵棋系统进行支撑工作量还比较大，不如手工兵棋灵活和方便。

随着信息化、智能化时代的发展，计算机兵棋大量涌现，成为兵棋推演的主要发展方向。计算机兵棋强大的运算和裁决能力、海量的存储容量和精美的交互界面，使兵棋的灵活性大大增强，且容易操作使用。近年来，我国陆续开发了战略、战役和战术等各个层次、各个军兵种的兵棋系统，用于联合作战研究和国防教育等。

计算机兵棋由传统的回合制向即时对抗的方向发展。早期的计算机兵棋是对手工兵棋的计算机化，采用的是回合制方式，在每个回合中双方依次开展军事行动，使得双方的作战行动具有时序的先后性，而真实的作战过程中双方同步开展军事行动，如图 4.18 所示。对此，最新的兵棋系统一般具备即时对抗性，允许双方同时开展军事行动，并即时进行裁决计算，如图 4.19 所示。即时对抗型计算机兵棋的运行模式更像一种即时策略游戏，如《星际争霸》《魔兽争霸》《红色警戒》等，只不过其兵种、武器装备性能参数和裁决规则等是对真实战争的抽象和描述。兵棋的即时对抗性更有利于兵棋 AI 的设计和开发，也更符合现代战争的本质特征。

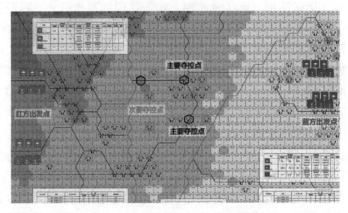

图 4.18　回合制计算机兵棋系统界面示例

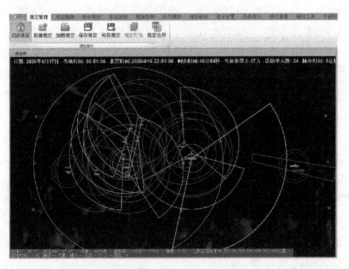

图 4.19　即时对抗型计算机兵棋示例(墨子联合作战推演系统)

计算机兵棋系统主要功能包括以下几方面。

(1)系统仿真引擎。软件系统支持通过智能体客户端对所有作战单元和设备模型的调度计算；支持高精度火控算法、海空作战弹药库不受限、飞机高精度毁伤模型、通信干扰和摧毁等不同想定精细度模型的调度计算。

(2) 系统模型体系。系统模型体系完备,包括实体模型、组件模型、任务模型、环境模型等。其中,实体模型包括飞行器模型、舰船模型、潜艇模型、卫星模型、兵力和设施模型、武器模型,实体模型可连接多个组件模型;组件模型包括传感器模型、通信设备模型、战斗部模型、挂载方案模型、挂架模型、弹药库模型、推进系统模型、燃料模型、目标信号特征模型、航空设施模型、港口设施模型、决策模型、毁伤模型(包括飞行器毁伤模型、舰船毁伤模型、潜艇毁伤模型、卫星毁伤模型、设施毁伤模型、武器毁伤模型和爆炸模型)、机动模型(包括飞行器机动模型、舰船机动模型、潜艇机动模型、卫星机动模型、编队机动模型、设施机动模型、武器机动模型)等;任务模型包括打击、护航、巡逻、布雷、扫雷、转场和支援等;环境模型包括温跃层、汇聚区等水声环境模型和温度、云量、海况等大气环境模型并体现其对作战过程的影响。

(3) 系统想定编辑与管理。软件系统支持通过智能体客户端采用 Python 脚本设置想定时间、描述、仿真精细度、附件、任务简报等信息;支持推演方增加、删除、修改以及对抗关系设定等管理功能;支持对温度、降水量、云量、海况等气象环境参数设置;支持作战单元的增加、删除、复制、克隆等兵力部署功能,可修改已部署兵力属性;支持作战单元部署数据导入导出功能,提供主要国家的地导阵地、空军基地、防空雷达和预警雷达的部署信息;支持设置训练水平;支持对已有想定文件组织管理功能。

(4) 系统作战任务设置。软件系统支持通过智能体客户端采用 Python 脚本设置多类作战任务;支持打击、护航、巡逻、支援、转场、投送等作战任务设置。

(5) 系统运行控制。软件系统支持通过智能体客户端采用 Python 脚本设置启动/暂停、推进速度、推进模式等推演运行控制;支持信息提示弹窗显隐控制;支持速度、距离、高度等物理量单位的使用习惯设置;支持仿真步长、刷新频率、数据采集等推演效率参数设置。

(6) 系统态势显示。软件系统支持通过智能体客户端实现战场态势显示。支持作战单元军标配色方案设置,感知目标能够按识别状态显示不同的军标颜色;支持导演视图、推演方视图、单元视图三种态势视图模式的显示和切换;支持单元、编组两种模式显示作战单元态势;支持以不同颜色闭合曲线显示武器攻击范围和传感器探测范围;支持显示雷达照射矢量、目标瞄准矢量和数据链等交战关系;支持显示参考点、航线和任务区域等任务图元；支持显示作战单元属性、作战单元状态、感知目标状态和目标电磁辐射状态等。

(7) 系统数据统计。软件系统支持通过智能体客户端进行数据统计，支持统计推演方作战平台损失数量、武器消耗数量、死亡人数、作战单元损伤程度、经济损失等；支持关键事件统计分析，按时间顺序分析展示武器打击目标的作战事件；支持基于推演结果数据的复盘回放功能。

2. AI 编程接口

AI 编程接口为智能算法提供 API 与兵棋系统交互，主要包括从兵棋系统中获取态势：①信息接口，包括敌情、我情、战场环境；②控制命令接口，包括智能算法生成对棋子的控制命令，由兵棋推演系统执行；③系统管理接口，包括用于控制兵棋系统实例的创建、启动和停止等。

AI 编程接口一般支持 Python 等高级编程语言。采用高级编程语言可以更好地支持智能博弈对抗算法开发。Python 提供了 OpenCV 等计算机视觉库，TensorFlow、PyTorch 等深度学习开源框架，NuMpy、SciPy 和 Matplotlib 等科学计算库，便于算法设计、训练和迭代优化。

以墨子联合作战推演系统的 Python AI 接口为例，其提供了一系列接口，分别用于访问控制活动单元(包含潜艇、水面舰艇、地面兵力及设施、飞机、卫星、离开平台射向目标的武器，不包含目标、传感器等)、探测到的实体、条令规则、巡逻任务、打击任务、水面舰艇、武器和作战方等。

3. 兵棋 AI 算法

兵棋 AI 算法，也称为智能博弈对抗算法，采用先进人工智能方法控制兵棋棋子进行军事对抗，本质是智能算法程序。算法的输入是战场态势，其智能决策过程采用深度学习、强化学习、策略搜索、智能规划与决策等先进人工智能技术处理，输出是每个棋子的动作，如机动到某处、开火、雷达开/关机等。

一般来说，兵棋 AI 算法可以分为以下三类。

第一类是基于规则(军事领域知识)的算法，通过对人类指挥员总结的战术战法程序化，如采用战法设计、作战任务设计、兵力编组、任务规划和决策规则方式实现，其缺点是无法处理所有的战场情况，体现的是算法设计者的智慧。

　　第二类是基于机器学习的算法，采用深度学习和强化学习等方法训练学习制胜策略，其缺点是难训练、难解释、难泛化。难训练是指采用强化学习方法难以训练策略收敛。随着智能体数量的增加，联合状态、动作和策略空间呈指数方式增加，导致多智能体强化学习比单智能体强化学习要复杂得多。多智能体的联合动作采用策略梯度优化方法非常困难，即使是在简单的两个动作的情况下，正确选择梯度步长方向的概率随智能体数量呈指数减少[13]。难解释是指博弈策略的计算结果难以解释，人类指挥员和参谋人员难以理解算法所作出决策的过程、依据及其限制条件，最终导致人类难以信任算法的决策结果。目前以深度学习为代表的人工智能模型可解释性较差[29]。难泛化是指算法在一个场景下训练得到的策略难以在另外的场景下表现良好，或者说算法的鲁棒性不强，难以适应外界的干扰。

　　大规模多智能体强化学习训练仍存在诸多困难，但《星际争霸》AI，特别是 AlphaStar 带给我们以下启示，有助于训练稳定收敛的制胜策略。

　　(1)如果有大量人类高手的对战数据，例如，在兵棋比赛中搜集人类高手的对战数据，可以采用模仿学习的方式学习这些策略，同时在强化学习过程中，利用这些数据构造伪奖励，指导策略搜索的方向，加快训练收敛速度。

　　(2)如果对战数据很少，问题将变得更加困难，如何解决还有待进一步深入研究。随机自博弈虽然能生成大量对抗数据，但是其质量非常低，难以有效地支持训练出良好的策略，这也是为什么 AlphaStar 先需要采用人类对抗数据进行监督学习的原因。

　　(3)在训练方法方面，一是可以借鉴联盟训练策略和课程学习方法，合理地挑选对手，逐步稳健地提升策略，二是采用分布式训练方法，尽可能多和快地探索策略空间，积累对战经验，以增强模型的泛化能力和鲁棒性。

　　值得注意的是，当前 AlphaStar 及分布式训练方法并非不可战胜，其策略水平与人类高手水平相当，属于局部最优解，并非全局最优解；其难度在于策略空间的巨大以及多智能体策略梯度优化方向极难确定。

　　第三类是混合算法，也就是将前两种算法相结合的算法，结合的方式可以有以下两种。

　　第一种是在作战的不同阶段或场景采用不同的算法，如在开始阶段由人制定战略和规划，在实时对抗阶段由智能算法进行分析、控制战术操作。在智能算法方面，如路径规划算法(包括离线和在线)，需要考虑敌方的威胁进行自适应调整；目标分配与弹目匹配算法，在发现多个目标时进行优先级排序、分配打击力量以及计算所需弹药的种类和数量；智能态势分析与预测算法可以在战争迷雾下预测分析敌方的兵力位置和作战行动[30]；深度强化学习训练行动策略，采用《星际争霸》微观管理相关算法有助于局部少量智能体学习训练对抗策略。

第二种是将人类军事领域知识与机器学习算法在算法设计实现上进行融合，通过知识指导学习算法加快训练收敛速度。例如，采用知识图谱对人类军事领域知识进行描述，结合深度学习、强化学习等方法进行学习和训练，具体如何融合仍旧是一个困难和开放的问题。

兵棋为先进人工智能技术的军事应用提供了试验测试平台，并催生了兵棋 AI 的兴起与发展。将《星际争霸》AI 的相关技术引入兵棋 AI 将是兵棋博弈对抗问题解决方法的主流方向，然而其中还有很多问题亟须深入研究和探索。

4.7.3　全国兵棋推演大赛智能体博弈赛及系统

全国兵棋推演大赛[①]是由中国指挥与控制学会主办的全国性国防教育公益主题赛事活动，于 2017 年举办首届赛事，在国家国防教育办公室和中国科协科学技术普及部的指导与支持下，吸引来自全国十多个省(自治区、直辖市)、数百所院校的兵棋爱好者近十万人次参赛，结合大赛开展还组织了论坛交流等多种形式的国防教育活动。大赛形式新颖、组织规范、积极向上、影响力强，发挥了良好的国防教育意义，得到了社会各界的支持与认可，现已成为国防教育领域具有较强影响力和军民融合特色的、常态化的全国性赛事活动。

1. 2021 年比赛想定简介

以某国东部海域为红方航母编队活动区域，区域大小约 150n mile× 100n mile(1n mile=1.852km)，区域中心距离某岛南部 430n mile，距离某国东海岸 235n mile，设置航母本舰活动路线沿区域边界运动，如图 4.20 所示。航母编队为单航母编队标准配置。蓝方兵力由某岛航空兵组成，设置两个机场，具体数量和机型见兵力编成。持续时间为 300min。

1)作战兵力与分值

红方兵力编成与分值表如表 4.1 所示。

---

① 相关比赛内容参考网址为：http://www.ciccwargame.com/。

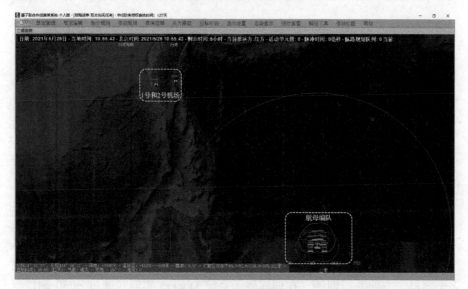

图 4.20 兵力部署图

表 4.1 红方兵力编成与分值表

类别	装备型号	数量	部署位置	分值	总分值
水面舰艇	库兹涅佐夫号航母	1	设定区域	1500	1500
	现代级导弹驱逐舰	4	航母编队	120	480
	克里瓦克级导弹护卫舰	2	航母编队	100	200
	乌格拉级潜艇支援舰	1	航母编队	60	60
航空兵	苏-33 型战斗机	20	航母本舰	30	600
	卡-29 型警戒直升机	14	航母本舰	6	84
	卡-28 型反潜直升机	2	航母本舰	6	12

舰船毁伤评分规则：舰船毁伤每达到 10%扣除舰船总分值的 10%，毁伤达到 70%判定舰船沉没，扣除舰船剩余全部分值。

蓝方兵力编成与分值表如表 4.2 所示。

表 4.2 蓝方兵力编成与分值表

类别	装备型号	数量	部署位置	分值	总分值
航空兵	F-16A 型战斗机	20	1 号机场	60	1200
	F-16A 型战斗机	16	2 号机场	60	960
	EC-130H 电子战飞机	2	1 号机场	70	140

续表

类别	装备型号	数量	部署位置	分值	总分值
航空兵	EC-130H 电子战飞机	2	2 号机场	70	140
	E-2K 型鹰眼预警机	1	1 号机场	160	160
卫星	白云 Ⅲ 型海洋监控卫星	1	—	—	—

2) 胜负条件

针对每一局，若己方得分大于对方得分，则胜利；若己方得分小于对方得分，则失败；若双方得分相等，则平局。

2. 墨子联合作战智能体开发训练平台

平台在训练时使用的是 Linux 版的墨子联合作战推演系统(简称墨子系统)，Linux 版的墨子系统封装在 Docker 容器中，一台 Linux 服务器可以创建多个容器，方便并行训练，在创建墨子系统 Docker 容器时通过 6060 端口与人工智能平台通信。在对战测试时既可以使用 Windows 版本的墨子系统，也可以使用 Linux 版本的墨子系统。平台基于目前流行的强化学习框架 RAY 可以实现大规模分布式训练。

参 考 文 献

[1] Mnih V, Kavukcuoglu K, Silver D, et al. Human-level control through deep reinforcement learning[J]. Nature, 2015, 518(7540): 529.

[2] Lillicrap T P, Hunt J J, Pritzel A, et al. Continuous control with deep reinforcement learning[J]. Computer Science, 2015, 8(6): A187.

[3] Mnih V, Badia A P, Mirza M, et al. Asynchronous methods for deep reinforcement learning[C]. International Conference on Machine Learning, New York, 2016: 1928-1937.

[4] Schulman J, Wolski F, Dhariwal P, et al. Proximal policy optimization algorithms[J]. arXiv preprint arXiv:1707.06347, 2017.

[5] van Hasselt H, Guez A, Silver D. Deep reinforcement learning with double Q-learning[C]. AAAI Conference on Aritificial Intelligence, Phoenix, 2016: 2094-2100.

[6] Bellemare M G, Ostrovski G, Guez A, et al. Increasing the action gap: New operators for reinforcement learning[C]. AAAI Conference on Aritificial Intelligence, Phoenix, 2016: 1476-1483.

[7] Schaul T, Quan J, Antonoglou I, et al. Prioritized experience replay[J]. arXiv preprint

arXiv:1511.05952, 2015.

[8] Wang Z, Schaul T, Hessel M, et al. Dueling network architectures for deep reinforcement learning[J]. arXiv preprint arXiv:1511.06581, 2015.

[9] Hausknecht M, Stone P. Deep recurrent Q-learning for partially observable MDPs[J]. arXiv preprint arXiv : 1507.06527, 2015.

[10] Sukhbaatar S, Szlam A, Fergus R. Learning multiagent communication with backpropagation [C]. Neural Information Processing Systems, Barcelona, 2016: 2252-2260.

[11] Foerster J N, Assael Y M, Freitas N D, et al. Learning to communicate with deep multi-agent reinforcement learning[C]. Neural Information Processing Systems, Barcelona, 2016: 2145-2153.

[12] Peng P, Yuan Q, Wen Y, et al. Multiagent bidirectionally-coordinated nets: Emergence of human-level coordination in learning to play StarCraft combat games[J]. arXiv preprint arXiv:1703.10069, 2017.

[13] Lowe R, Wu Y, Tamar A, et al. Multi-agent actor-critic for mixed cooperative-competitive environments[C]. Neural Information Processing Systems, Long Beach, 2017: 6379-6390.

[14] Foerster J, Farquhar G, Afouras T, et al. Counterfactual multi-agent policy gradients[C]. The 32nd AAAI Conference on Artificial Intelligence, New Orleans, 2018: 2974-2982.

[15] Shao K, Zhu Y, Zhao D. StarCraft micromanagement with reinforcement learning and curriculum transfer learning[J]. IEEE Transactions on Emerging Topics in Computational Intelligence, 2019, 3: 73-84.

[16] Sun P, Sun X, Han L, et al. TStarBots: Defeating the cheating level builtin AI in StarCraft II in the full game[J]. arXiv preprint arXiv:1809.07193, 2018.

[17] Pang Z J, Liu R Z, Meng Z Y, et al. On reinforcement learning for full-length game of StarCraft[C]. The 33rd AAAI Conference on Artificial Intelligence, Honolulu, 2019: 4691-4698.

[18] Mnih V, Kavukcuoglu K, Silver D, et al. Playing Atari with deep reinforcement learning[J]. arXiv preprint arXiv:1312.5602, 2013.

[19] Hessel M, Modayil J, Hasselt H V, et al. Rainbow: Combining improvements in deep reinforcement learning[J]. arXiv preprint arXiv:1710.02298, 2017.

[20] Badia A P, Piot B, Kapturowski S, et al. Agent57: Outperforming the Atari human benchmark[J]. arXiv preprint arXiv: 2003.13350, 2020.

[21] Silver D, Huang A, Maddison C J, et al. Mastering the game of go with deep neural networks and tree search[J]. Nature, 2016, 529(7587): 484-489.

[22] Silver D, Hubert T, Schrittwieser J, et al. A general reinforcement learning algorithm that masters chess, shogi, and go through self-play[J]. Science, 2018, 362(6419): 1140-1144.

[23] 刘鸿福, 苏炯铭, 付雅晶. 无人系统集群及其对抗技术研究综述[J]. 飞航导弹, 2018, 407(11): 43-48, 99.

[24] 胡晓峰, 贺筱媛, 陶九阳. AlphaGo 的突破与兵棋推演的挑战[J]. 科技导报, 2017, (21): 51-62.

[25] Vinyals O, Babuschkin I, Czarnecki W M, et al. Grandmaster level in StarCraft II using multi-agent reinforcement learning[J]. Nature, 2019, 575(7782): 350-354.

[26] 苏炯铭, 刘鸿福, 陈少飞, 等. 多智能体即时策略对抗方法与实践[M]. 北京: 科学出版社, 2019.

[27] Vinyals O, Ewalds T, Bartunov S, et al. StarCraft II: A new challenge for reinforcement learning[J]. arXiv preprint arXiv:1708.04782, 2017.

[28] 李宪港, 李强. 典型智能博弈系统技术分析及指控系统智能化发展展望[J]. 智能科学与技术学报, 2020, 2(1): 36-42.

[29] 苏炯铭, 刘鸿福, 项凤涛, 等. 深度神经网络解释方法综述[J]. 计算机工程, 2020, 46(9): 1-15.

[30] 廖鹰, 易卓, 胡晓峰. 基于深度学习的初级战场态势理解研究[J]. 指挥与控制学报, 2017, 3(1): 67-71.

第 5 章　博弈论与均衡策略计算

博弈论的提出与发展，被誉为 20 世纪中期以来社会科学领域最杰出的成就之一。博弈论的主要作用体现在以下三方面。①解释：采用博弈论可以分析博弈事件的发展过程和成因，常常通过历史资料了解参与人的动机和行为；②预测：在观察多个决策者的策略博弈时，可以用博弈论预测决策者将采取的行动以及结果；③提出建议或者找出解决的方法：在假定参与人是理性、最大化个人利益的基础上进行博弈分析，制定策略。博弈论在实际应用中存在的一个挑战就是如何计算大规模博弈问题的均衡解，而人工智能技术的发展推动了这一问题的突破。本章首先介绍博弈论的基础知识、四种典型博弈模型与解概念，其次介绍基于学习的策略计算方法，再次以德州扑克为案例介绍博弈论与人工智能结合的前沿技术，最后介绍微分对策理论与追逃博弈。

5.1　博弈论基础

本节介绍博弈论基本概念、基本假设和问题分类等方面的基础知识。当然，博弈论的基础知识远不止于此，但是这里给出的基础知识可以帮助读者快速建立起关于博弈论对实际问题进行数学描述和结果分析的基本思路。

5.1.1　博弈论基本概念

博弈论的基本概念包括参与人、信息、行动、策略、支付、均衡、结果。

参与人 (player) 是指一个博弈中的决策主体，也称为参与者或局中人。参与人可以是自然人，也可以是企业、团体、特定群体，甚至可以是虚拟的参与人。只有两个参与人的博弈称为"双人博弈"，而多于两个参与人的博弈称为"多人博弈"。在人工智能中，经常将这种参与人称为智能体，将博弈论可以看成是多智能体交互时进行推理的理论。

信息 (information) 是指参与人在博弈过程中能了解和观察到的知识。博弈问题所涉及的参与人的状态、行动及相应的收益等都属于信息。在博弈中，如果参与人对所有历史状态和行动信息掌握得非常充分(需要确认表述)，这类博弈称为完美信息博弈 (perfect information game)，否则，称为不完美信息博弈(imperfect information game)。例如，在象棋和围棋中，游戏每一步的状态和双方之前所有的行动都是可以通过观察获得的，所以象棋和围棋属于完美信息博弈；德州扑克游戏中，对手的牌往往是观察不到的，因此德州扑克属于不完美信息博弈，而且利用这种信息不完美性进行虚张声势也是玩好德州扑克的基本技巧之一。在博弈中，如果每个参与人都拥有所有其他参与人的特征、策略及支付函数等方面的准确信息，这类博弈称为完全信息博弈(complete information game)，否则，称为不完全信息博弈(incomplete information game)。例如，拍卖某件物品时，每个参与人(竞标人)对该物品价值都有自己的评价，通常参与人确切地知道自己的评价，但不知道其他参与人的评价，可能仅有概率方面的信息。

行动(action)是参与人在博弈的某个时间点的决策变量，是参与人在博弈过程中的备选方案。

策略(strategy)指参与人如何对其他参与人的行动做出反应的行动规则，它规定参与人在什么时候选择什么行动。例如，打牌时某个玩家可以选择出黑桃或者出梅花。所有参与人在博弈中所选择的策略集合就称为一个策略组合(strategy profile)。

支付(payoff)是在一个策略组合下，各参与人得到的确定的效用或期望效用。在博弈中，每个参与人得到的支付不仅依赖于自己的策略，也依赖于其他人选择的策略。博弈的参与人真正关心的也就是其参与到博弈中得到的支付。一般而言，对于参与人而言，更高的支付数值代表更好的结果。在有些博弈中，支付只代表各种结果的好坏排序，最糟糕的结果标记为 1，次糟糕的结果记为 2，依次类推直到排列出最好的结果。而在另外一些博弈中，支付数值是实际数字的表现，如公司的收入、利润，国家的国际地位、竞争力等。

均衡(equilibrium)可以理解为博弈的一种稳定状态，在这一状态下，所有参与人都不再愿意单方面改变自己的策略。换而言之，均衡意味着每个参与人所采取的策略都是对其他参与人最优策略的最优反应。均衡并不是说局势不再变化。例如，在序贯博弈中，参与人的策略是完成的行动计划，而随着博弈每一步的推进，局势都可能发生新的变化。均衡也不意味着对应完美的局面，因为这种理性策略互动有可能产生的是对所有人的不利局面，如囚徒困境。

结果(outcome)是指在均衡框架下参与人理性互动最终产生的东西，如参与人的行动选择，或者相应的支付组合等。运用博弈论分析问题的主要目的就是希望借助理论模型预测博弈的结果，运用不同的均衡解概念所导致的结果也会不相同。

　　囚徒困境是博弈论研究中的一个经典案例。囚徒困境的故事讲的是,两个嫌疑犯作案后被警察抓住,将他们分别关在不同的屋子接受审讯。警察知道两人有罪,但缺乏足够的证据。警察告诉每个人:如果两人都抵赖,各判刑 1 年;如果两人都坦白,各判 8 年;如果两人中一个坦白而另一个抵赖,坦白的放出去,抵赖的判 10 年。于是,每个囚徒都面临两种选择:坦白或抵赖。然而,不管同伙选择什么,每个囚徒的最优选择是坦白:如果同伙抵赖、自己坦白,自己被放出去,如果同伙抵赖自己抵赖,自己被判 1 年,那么坦白比抵赖好;如果同伙坦白、自己坦白,自己被判 8 年;如果同伙坦白,自己抵赖,自己被判 10 年,坦白还是比抵赖好。结果,两个嫌疑犯都选择坦白,各判刑 8 年。然而,如果两人都抵赖,各判一年,显然这个结果更好。囚徒困境所反映出的深刻问题是,人类的个体理性有时能导致集体的非理性,即聪明的人类有时会因自己的聪明而作茧自缚,或者损害集体的利益。

　　对应博弈论基本概念,在囚徒困境(图 5.1(a))当中,两名嫌犯是博弈的参与人;坦白和抵赖是每个参与人可选择的两个行动;在当前局面下的行动选择就是参与人的策略;图 5.1(b)的不同策略组合下的收益构成了支付矩阵;两个囚徒都选择坦白是一个均衡策略,因为如果任意一方改变其策略,那么其收益将会由–8 变成–10;博弈的结果就是两个人都会选择坦白。

(a) 博弈示意图

		囚徒2	
		坦白	抵赖
囚徒1	坦白	–8, –8	0, –10
	抵赖	–10, 0	–1, –1

(b) 支付矩阵

图 5.1　囚徒困境

5.1.2　博弈论基本假设

　　经典博弈论包含两个重要的基本假设:理性人假设和共同知识假设。

　　理性人是指每个参与人都以获取最大支付为目标。博弈论通常假设参与人总能够计算出最优策略并且按照其最优策略采取行动。关于理性人假设的局限和意义,理论研究领域有很多相关探讨,本书不做过多介绍。但是,需要指出的是,现实世界中的参与人往往很难计算出其最优策略,即使通过人工智能、机器学习和超级计算等技术也不能计算出所有问题的最优策略或者近似最优策略。

共同知识(common knowledge)是"不但每个人都知道该知识，而且每个人都知道别人也知道该知识，而且每个人都知道别人也知道其他人知道该知识……"这样的一个循环。这些知识一般包括：①每个参与人的可行策略；②每个参与人在所有参与人所有可能策略组合下获得的支付；③每个参与人都是理性人的假设。

此外，博弈论中还有一个重要的概念，就是参与人的智能。参与人的智能是指，参与人能够知道博弈的方方面面，对博弈的变化能够永久记忆，而且在决策时能够充分考虑其他参与人的可能行为便能够做出最优反应。这样的策略称为最优反应策略(best response strategy)。智能这个假设要求每个参与人在确定最优反应策略时，有足够的计算能力。因此，共同知识可以看成智能中已经蕴含的概念。

博弈论中的很多理论成果都是建立在理性和智能的假设基础之上的。然而，现实计算能力往往无法满足大规模博弈问题最优反应策略的计算要求，这也是人工智能领域主要关心的问题之一，即如何设计计算法求解得到博弈问题的最优反应策略或者近似最优反应策略。

5.1.3 博弈问题分类

1. 合作博弈和非合作博弈

一般认为，博弈主要可以分为合作博弈和非合作博弈。合作博弈和非合作博弈的区别在于相互发生作用的参与人之间有没有一个具有约束力的协议，如果有，就是合作博弈，如果没有，就是非合作博弈。

由于合作博弈论比非合作博弈论复杂，在理论上的成熟度远远不如非合作博弈论，因此通常所谈论的博弈论是指非合作博弈。

2. 零和博弈和非零和博弈

零和博弈的结果是一方吃掉另一方，一方所得正是另一方所失，整个社会的利益并不会因此而增加一分。也可以说，自己的幸福是建立在他人的痛苦之上的，二者的大小完全相等，因而双方都想尽一切办法实现"损人利己"。在非零和博弈中，对局各方不再是完全对立的，一个参与人的所得并不一定意味着其他参与人要遭受同样数量的损失。也就是说，博弈参与人之间不存在"你之得即我之失"这样一种简单的关系。其中隐含的一个意思是，参与人之间可能存在某种共同的利益，蕴涵"双赢"或者"多赢"这一博弈论中非常重要的理念。此外，还有一类博弈称为常和博弈，是一种特殊的非零和博弈，是指所有博弈方的得益总和为非零的参数，包含正和博弈、负和博弈及零和博弈。

绝大多数经济博弈和社会博弈都是非零和的，例如，贸易等经济活动中各方往往都会获利。甚至像战争这类博弈也不是零和的，例如，人们普遍认为核战争只有输家。现实世界中的大多数博弈都同时存在着竞争与合作。

3. 完全信息博弈和不完全信息博弈

按照参与人对其他参与人的了解程度分为完全信息博弈和不完全信息博弈。完全信息博弈是指在博弈过程中，每一位参与人对其他参与人的特征、策略空间及收益函数有准确的信息。不完全信息博弈是指在博弈过程中，参与人对其他参与人的状态、策略空间及收益函数信息了解得不够准确，或者不是对所有参与人的特征、策略空间及收益函数都有准确的信息。

4. 静态博弈和动态博弈

按照行动的先后次序分为静态博弈和动态博弈。在静态博弈中，参与人行动时预先不知晓其他参与人行动，如囚徒困境、石头-剪刀-布等。动态博弈中的参与人行动有先后顺序，且后行动者能够知晓先行动者所选择行动，如象棋、围棋、商品拍卖、军备竞赛等。如果(参与人随着时间推移所控制的)决策过程是在连续时间内发生的，并且采用微分方程描述状态的演化，那么这种动态博弈就称为微分对策。

5.2 典型博弈模型与解概念

在博弈论研究中，学者针对不同情况建立了一系列博弈模型和解的概念。本节首先介绍策略型博弈，即所有智能体都掌握彼此的完整信息并同时选择自己行动的博弈。其次介绍展开型博弈，即智能体轮流依次行动的博弈。最后介绍不完全信息影响下的贝叶斯博弈。

5.2.1 策略型博弈

策略型博弈(strategic form game)，又称标准型博弈(normal form game)、完全信息静态博弈，用于表达各智能体同时做出一次性决策的博弈模型。经典的囚徒困境就是策略型博弈。

1. 策略型博弈的形式化描述

策略型博弈形式化描述如下：假设存在 $1,2,\cdots,k$ 共 k 个智能体，智能体 i 选择动作 a_i，目标是最大化其收益 R_i。联合行动空间 $A = A_1 \times \cdots \times A_k$ 表示为每个智能体所有可能行动集合的笛卡儿积。所有智能体同时选择的行动构成来自于联合行动空间的一个联合行动 $a = (a_1,\cdots,a_k)$。联合行动 a 产生的收益可以表示为联合收益函数 $R(a) = (R_1(a),\cdots,R_k(a))$。联合收益记为 $r = (r_1,\cdots,r_k)$。例如，囚徒困境问题的支付矩阵如图 5.1(b) 所示。双人策略型博弈的另外一个例子是"石头-剪子-布"的游戏，其支付矩阵如图 5.2 所示。

		智能体2		
		石头	剪子	布
智能体1	石头	0, 0	1, −1	−1, 1
	剪子	−1, 1	0, 0	1, −1
	布	1, −1	−1, 1	0, 0

图 5.2　双人"石头-剪子-布"博弈的支付矩阵

在博弈论中，智能体采取的策略可以分为纯策略和混合型策略两种。纯策略是从行动集合中确定性选取某个行动，而混合策略是从行动集合中按照概率分布随机选取某个行动。所有智能体的联合策略可以表示为 $\pi = (\pi_1,\cdots,\pi_k)$，$\pi_i(a)$ 表示智能体 i 选取行动 a 的概率。那么，在联合策略为 π 下智能体 i 的联合效用值可以表示为

$$u_i(\pi) = \sum_a R_i(a) \prod_j \pi_j(a_j)$$

此外，在博弈论中以智能体 i 的角度进行讨论时，一般将除了 i 之外的其他智能体联合表示为 $-i$。从而，联合行动、联合奖励、联合策略可以分别表示为 $a = (a_i, a_{-i})$、$r = (r_i, r_{-i})$ 和 $\pi = (\pi_i, \pi_{-i})$。

2. 最优反应策略

在单智能体决策理论中，讨论的主题是找到最优策略，即能够在给定环

境中最大化智能体所获得的期望回报。然而，在博弈问题中，由于智能体的效用函数不仅与自己策略直接相关，而且与其他智能体策略直接相关，这种单智能体最优策略的方案将不再适用。对于这种问题，博弈论中采用解概念来描述一些博弈结果。

在策略型博弈中，智能体决策的本质是要找到最能有效应对其他智能体选择的策略。这种策略就称为最优反应策略，即给定智能体 i 对其他智能体联合策略 π_{-i} 的最优反应策略 π_i 满足

$$u_i\left(\pi_i, \pi_{-i}\right) \geqslant u_i\left(\pi_i', \pi_{-i}\right), \ 对于所有 \pi_i' \neq \pi_i$$

基于这种最优反应策略的思想，下面介绍几种基本的解概念。

1) 占优策略均衡

一些博弈问题中存在这样一种策略，它是其他智能体所有可能策略下的最优反应，称为占优策略 (dominant strategy)，即智能体 i 的占优策略 π_i^* 满足

$$u_i(\pi_i^*, \pi_{-i}) \geqslant u_i(\pi_i', \pi_{-i}), \quad 对于所有 \pi_i' 和 \pi_i$$

进一步，如果所有智能体都使用占优策略，那么这些策略共同构成一个占优策略均衡 (dominant strategy equilibrium)。在图 5.1 的囚徒困境例子中，可以通过计算得出，两人都"坦白"是一个占优策略均衡。同时，可以看出占优策略并不意味着智能体得到的收益是其最优收益。当存在占优策略时，智能体总愿意选择它。但是很多博弈问题中往往不存在占优策略，如"石头-剪子-布"问题。

2) 纳什均衡

占优策略均衡难以存在的原因在于其要求的条件比较苛刻，因为需要该策略是其他智能体所有可能策略下的最优反应。如果降低此要求，只要求每个智能体的纳什均衡策略是其他智能体纳什均衡策略的最优反应，就可以得到纳什均衡的解概念。纳什均衡定义为一个联合策略 $\pi = \left(\pi_1^*, \cdots, \pi_k^*\right)$，能够满足

$$u_i\left(\pi_i^*, \pi_{-i}^*\right) \geqslant u_i\left(\pi_i', \pi_{-i}^*\right), \ 对于所有 \pi_i' \in \pi_i$$

在纳什均衡下，所有智能体都没有动力去单独改变自己的策略。可以看出，占优策略均衡是纳什均衡的一种特殊情况，因此在囚徒困境的例子中，两人都"坦白"不仅是一个占优策略均衡，也是一个纳什均衡。纳什均衡不一定

是唯一的,也就是说有些问题可能存在多个纳什均衡,详细讨论参见文献[1]。

根据纯策略和混合策略之分,纳什均衡可以分为纯策略纳什均衡和混合策略纳什均衡。对于有些博弈问题,其纯策略纳什均衡并不一定存在,如"石头-剪子-布"问题就不存在纯策略纳什均衡。但是关于混合策略博弈,约翰·纳什的著名定理证明了"任何具有有限参与者和有限策略集的博弈都存在混合策略纳什均衡"。例如,"石头-剪子-布"问题的混合策略纳什均衡就是所有玩家都以 1/3 的概率出石头、剪子或布。

在标准博弈论假设下,纳什均衡提供了博弈问题的最优解,但是针对不同类型的博弈问题,特别是大量智能体和大规模策略集的问题,如何计算得到纳什均衡是计算机和人工智能科学研究人员努力追求突破的课题。一般来讲,纳什均衡的计算是比较困难的。对于零和博弈纳什均衡,冯·诺依曼很早就提出了多项式时间计算方法。但是,常和博弈纳什均衡的计算被证明是一种 PPAD(polynomial parityarguments on directed graphs,有向图的多项式校验参数)完备问题,也是不存在已知多项式时间算法计算困难的问题。5.3 节中将会探讨一些近似计算方法。

3) 相关均衡

在博弈问题中,考虑存在一个外部观察者,向每个智能体推荐其应该采取的纯策略。在这种前提下,对纳什均衡概念的假设条件进行松弛,不再要求不同智能体动作选择是相互独立的,而是通过观察者推荐来允许智能体行动选择的概率分布是相关的,就可以得到相关均衡(correlated equilibrium)的解概念。

通过交通调度可以理解相关均衡是基于推荐的均衡。例如,两辆车同时到达一个路口,如果两位驾驶员同时选择策略"行",将造成车祸,收益记为-8;同时选择策略"停",收益记为-1;两辆车分别选择"行"和"停","行"的一方收益为 1,"停"的一方收益为 0。该例子中存在有两个纯策略纳什均衡:(行,停)和(停,行)。但是这两个纳什均衡对于"后行"车辆不够公平。在相关均衡中,存在红绿灯这样一个协调者角色,根据相关均衡策略为双方选择行动。例如,协调者根据相关均衡以 0.5 的概率随机让两辆车中的一辆"行";虽然另一辆被告知"停"且收益为 0,但驾驶员知道这时选择"行"会导致交通事故。这种模式下不仅避免了(行,行)和(停,停)这两种局面的出现,而且这种随机选择某方先走方式对两方而言都是公平的。

由于智能体行动之间是相关的,对联合策略的描述需要使用相关联合策略(correlated joint policy)，即所有智能体联合行动的单独概率分布。在相关联合策略的基础上，可以定义与纳什均衡类似的均衡，即相关均衡。相关均衡是这样的一种相关联合策略，在该策略下没有一个智能体能够通过单独将自己的行动 a_i 改变为 a_i' 来增加期望收益，形式化表达为

$$\sum_{a_{-i}} R_i(a_i, a_{-i}) \pi(a_i, a_{-i}) \geqslant \sum_{a_{-i}} R_i(a_i', a_{-i}) \pi(a_i', a_{-i})$$

根据相关联合策略的定义可以得出，任何纳什均衡都是一个相关均衡。然而，并不是所有的相关均衡都是纳什均衡。

5.2.2　展开型博弈

相比于策略型博弈，展开型博弈(也称动态博弈)更适用于表达智能体不是同时做决策而是依次做决策的问题，特别是还涉及不完美信息或随机事件的情况。几乎所有的棋牌类和扑克类的游戏都属于展开型博弈，因为这些游戏玩家执行动作均有先后顺序而不是同一时间行动的。

1. 完美信息展开型博弈

展开型博弈可以用树形结构的博弈树表示，节点表示博弈状态也称决策节点，边表示智能体的策略选择，叶子节点代表结果节点，节点中的数值表示博弈结束时智能体的收益。最后通牒博弈如图 5.3 所示，一名提议者向另一名响应者提出三个资源分配方案中的一个，如果响应者同意这一方案，那么按照这种方案进行资源分配，如果不同意，那么两人什么都得不到。

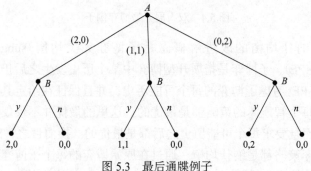

图 5.3　最后通牒例子

完美信息展开型博弈可以转换得到与策略型博弈中类似的纯策略，但是这种转化是不可逆的。具体而言，完美信息展开型博弈中智能体的纯策略集

合是在节点上策略集的笛卡儿积。如在最后通牒博弈例子中，玩家 A 的纯策略集合是：$\{(2,0),(1,1),(0,2)\}$；玩家 B 的纯策略集合是：$\{(yyy, yyn, yny, ynn, nyy, nyn, nny, nnn)\}$。进而，可以基于纯策略定义出混合策略、最优反应、纳什均衡等概念。而且理论上已经证明得到"每个有限的完美信息展开型博弈都存在一个纯策略纳什均衡"。

　　然而，对于展开型博弈来说，纳什均衡的解概念不够严格，因为有时候智能体按照纳什均衡策略真正到达某个决策节点时，无法执行策略要求的下一个行动。在如图 5.4 的例子中，玩家 1 的纯策略集合是：$\{A, B\} \times \{G, H\} = \{AG, AH, BG, BH\}$；玩家 2 的纯策略集合是：$\{C, D\} \times \{E, F\} = \{CE, CF, DE, DF\}$。可以找到纳什均衡包括：$(BH, CE)$，$(AG, CF)$，$(AH, CF)$。需要注意的是，这里必须包括策略 AG 和 AH，即使一旦玩家 1 选择了 A，那么他后面 G 或 H 的选择就没有意义了。

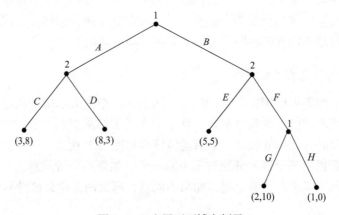

图 5.4　双人展开型博弈例子

　　展开型纳什均衡的改进解概念是子博弈完美均衡 (subgame perfect equilibrium, SPE)。子博弈是指展开型博弈中某个历史发生之后仍然存在的那部分博弈。SPE 考虑了博弈的每个可能历史，并且保证在给定其他智能体策略的情形下每个智能体的策略都是最优的，这里的最优并不仅仅要求从一开始是最优，而且要求每个可能历史之后都是最优的。换而言之，SPE 策略下的每个子博弈策略都是纳什均衡。通过在原始博弈的每个子博弈中只选择最优响应的纳什均衡来排除不可执行的情况。求解 SPE 的基本原则是逆向归纳 (backward induction)，即从树的叶子端开始，不断找到纳什均衡和剪枝，最终到根节点。在上述例子的三个纳什均衡中，可以计算出只有 (AG, CF) 是子博弈纳什均衡。

此外，完美信息展开型博弈可以采用第 2 章介绍的树搜索方法进行求解。对于小规模的完美信息展开型博弈，可以采用极小极大搜索和 Alpha-Beta 剪枝等方法。对于大规模的完美信息展开型博弈，如围棋，MCTS 方法可以发挥重要作用。

2. 不完美信息展开型博弈

在不完美信息展开型博弈中，每个智能体的选择节点被划分为信息集；也就是说，如果两个选择节点在同一个信息集中，那么智能体就不能区分它们。一些展开型博弈中存在一个特殊的拥有固定随机策略的"机会"智能体（如一些扑克中的发牌人），用于表示环境的随机性。图 5.5 是不完美信息展开型博弈的示例，图中虚线连接的博弈状态处于同一信息集中，表示智能体不能辨别随机节点产生状态的是 b 还是 d。

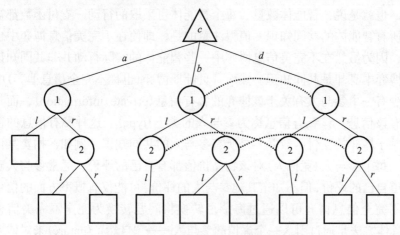

图 5.5　不完美信息展开型博弈示例

信息集是展开型博弈中一个非常重要的概念，是参与人在决策节点上所拥有的信息集合，拥有同样信息的决策节点属于同一信息集。图 5.5 展示的博弈树有 18 个历史，包括带有叶子节点的历史集合 {al, arl, arr, bll, brl, brr, dll, drl, drr} 和无叶子节点的历史集合 {dr, dl, br, bl, ar, d, b, a, Θ}，空集 Θ 表示游戏的初始状态，即博弈树的根节点，它是随机节点。由于智能体 1 无法区分随机节点产生的是 b 还是 d，因而智能体 1 有两个信息集，即 I_1={{a},{b,d}}。智能体 2 有三个信息集 I_2={{ar},{bl, dl},{br, dr}}。

上文介绍了完美信息展开型博弈中将纳什均衡概念扩展到 SPE 的解概念。然而，SPE 的解概念不能直接适用于不完美信息展开型博弈。这是因为在不完美信息博弈中，当处在一个特定的子博弈中，随即又会出现其他的子博弈，这些其他子博弈会影响当前子博弈的最佳策略。换句话说，当在不完美信息博弈中进行决策时，必须考虑这个博弈的全局策略，而并非子博弈的最佳策略。基于这一问题，美国卡内基梅隆大学研究团队针对德州扑克问题研制"冷扑大师"(Libratus)时提出了不完美信息博弈的安全和嵌套子博弈求解技术，能够近似计算均衡策略。关于德州扑克问题的介绍详见 5.4 节。

此外，在不完美信息展开型博弈中，可以进一步将 SPE 扩展到序贯均衡(sequential equilibrium)的解概念。序贯均衡概念的详细介绍参见文献[1]。

5.2.3　贝叶斯博弈

前面介绍的博弈模型中大多都假设所有智能体都知道正在进行的是什么博弈，也就是说，智能体数量、每个智能体可采取的行动、支付函数都被认为是所有智能体的共同知识。值得注意的是，即使在不完美信息博弈中也是如此，因为虽然在不完美信息博弈中一些智能体的实际行动并非共同知识，但是博弈本身却是共同知识。然而，贝叶斯博弈(也称不完全信息博弈)中允许至少有一个参与人有关于该博弈的私有信息(private information)，而其他人没有该信息。该私有信息称为参与人的类型(type)。这种私有信息的存在使得关于博弈的支付函数并不是所有参与人的共同知识。例如，拍卖某件物品时，每个参与人(竞标人)对该物品价值都有自己的评价，通常参与人确切地知道自己的评价，但不知道其他参与人的评价，可能仅有概率方面的信息。

不完全信息博弈可以通过海萨尼转换将问题转换为完全不完美信息博弈。具体方法是通过引入一个虚拟的参与人——"自然"(nature)来对博弈中相关参与人的不确定性因素进行"行动"，得到其确定性结果，然后告知相关参与人，使得博弈继续分析下去。图 5.5 中的"机会"节点与这里的"自然"发挥着同样作用，可以认为是不完全信息博弈转换成的完全不完美信息博弈。

除了上面介绍的三类基本博弈模型之外，还有很多其他博弈模型，如重复博弈、随机博弈等。其中，重复博弈可以看成是同样一组智能体重复多次进行某个策略性博弈；随机博弈模型已在 4.3.1 节给出，是 MDP 和重复博弈的更一般表示，可以看成是一系列策略型博弈的集合，其任何时间步所进行的博弈都取决于之前时间步的博弈以及所有个体所采取过的行动。

5.3　均衡策略计算方法

5.2 节介绍了一些典型博弈模型与解概念。这些从简单到复杂的一系列博弈模型和解概念，对于分析实际问题具有重要意义。然而，如何得到实际问题特别是大规模实际问题所对应的具体某种类型的均衡解，在计算上往往是非常困难的。对不同类型均衡解的计算可行性和复杂性以及基本计算方法的介绍可以参见文献[2]和[3]。本节主要介绍机器学习等方法在均衡策略计算中的一些技术，与第 3 章和第 4 章中基于优化目标学习策略所不同，本节中的方法集中于通过计算找到均衡解。虽然 5.2 节介绍了若干种均衡解概念，但是本节重点关注纳什均衡解的近似计算技术，这也是很多其他类型均衡解计算的基础。同时，这种对复杂博弈均衡解实现有效求解的过程也可以看成 5.1.2 节中提到的博弈论中关于"智能"假设的追求。

5.3.1　虚拟博弈系列技术

虚拟博弈(fictitious play)是博弈论中一种传统的学习方法，主要用于计算零和博弈的纳什均衡。虚拟博弈的核心思想非常简单，就是根据对手历史行动的统计规律建立对手的混合策略模型，然后基于该模型得到自己的反应策略。假设对手的行动集合为 A ，对于其中每一个可能行动 $a \in A$ ，统计得到对手执行该行动的次数为 $\omega(a)$ ，进而在对手混合策略模型中将选择行动 a 概率评估为

$$P(a) = \frac{\omega(a)}{\sum_{a' \in A} \omega(a')}$$

虚拟博弈方法中存在一个假设，即每个智能体都假定对手的策略是静止的，但是实际上在大多数的虚拟博弈学习过程中，智能体都在动态调整自己的策略。然而，这并没有影响虚拟博弈方法具有的一个良好性质，即对于零和博弈问题，通过这种虚拟博弈的迭代过程会使双方策略收敛到纳什均衡解。以"石头-剪刀-布"为例：首先假设第一轮双方随机出拳，如果智能体 1 出剪刀，智能体 2 出布。在第二轮时，智能体 1 根据智能体 2 的历史数据(智能体 2 只出了布)得出自己应该出剪刀，则智能体 1 还是出剪刀；智能体 2 根据智能体 1 的历史数据(智能体 1 只出了剪刀)得出自己应该出石头。所以第二轮

智能体 1 出剪刀,智能体 2 出石头;双方更新自己存储的对手策略模型,智能体 1 两次全部出剪刀,智能体 2 有 50%的概率出布,50%的概率出石头。以此类推进行迭代,双方策略会收敛到纳什均衡。

虚拟博弈主要针对策略型博弈问题,这也使得其很难应用于大规模实际问题。2015 年,Heinrich 等[4]提出虚拟自我博弈(fictitious self-play, FSP)方法,分别通过强化学习和监督学习来实现最优反应策略计算和平均策略更新,实现将虚拟博弈扩展到求解展开型博弈均衡的问题。FSP 通过自我博弈生成经验数据集,将四元组 $(s_t, a_t, r_{t+1}, s_{t+1})$ 存储到经验池中,用于强化学习的训练来计算最优反应策略;将智能体自身的行为元组 (s_t, a_t) 存储到经验缓冲池中,用于监督学习来更新平均策略。然后,通过强化学习算法与对手平均策略进行博弈获得自己的近似最优反应策略,通过监督学习方法基于各自经验数据来更新平均策略。

2016 年,Heinrich 等[5]进一步结合神经网络和深度强化学习设计了神经虚拟自我博弈(neural fictitious self-play, NFSP)的方法。NFSP 建立了两个神经网络:一个网络学习近似其他智能体历史行为的最佳响应;另一个网络(称为平均网络)使用监督分类学习去模仿自己过去的最佳响应行为。NFSP 通过平均网络和最佳响应网络的行动混合概率指导智能体的当前行为。深度强化学习在其中的角色不仅作为一种强大的计算方法,而且由于其是一种端到端的求解方法,无须使用特定领域的先验知识手工设计特征。NFSP 在有限注德州扑克中达到了人类顶级选手的水平。

虚拟博弈系列技术在强化学习的对抗训练和进化算法中得到了很好的应用[6]。Gupta 等[7]使用自我博弈同时训练网络攻击者和防御者。攻击者试图扭曲基于事实的输入,以降低强化学习智能体的性能,而防御者充当该智能体的预处理器,纠正扭曲的输入。Kawamura 等[8]将策略梯度算法与 NFSP 结合起来,并成功地将其应用于即时策略游戏中。AlphaGo 及其后继者[9]将自我博弈、深度强化学习和蒙特卡罗树搜索相结合,在围棋、国际象棋和将棋(Shogi)等双人零和游戏中表现杰出。

5.3.2　基于 Q 学习的均衡策略计算

多智能体随机博弈模型已在 4.3.1 节给出,可以将其看成从单智能体领域扩展到了多智能体领域的 MDP 模型,同时又可以看成单阶段策略型博弈模型扩展到了多阶段的博弈模型。本节主要介绍基于 Q 学习求解随机博弈中几种不同均衡策略的算法,包括 Minimax-Q 学习算法、Nash-Q 学习算法和 Correlated-

Q 学习算法。

Minimax-Q 学习算法[10]考虑的是只有两个智能体的零和博弈。零和博弈的特性决定了学习中只需使用一个奖励函数，而对抗的双方分别试图最大化和最小化该函数。每个智能体采取最大最小行动的策略组合构成一个纳什均衡。因此，可以定义某智能体的收益（即另一个智能体的负收益）为博弈的值，即修改 Q 学习中的值函数为

$$V(s) = \max_{\pi} \min_{a^-} \sum_{a} Q(s, a, a^-) \pi(s, a)$$

其中，a^- 为对手的行动；$Q(s, a, a^-)$ 为联合行动值函数。即当前智能体在状态 s 时，执行行动 a 到下一个状态 s'，当更新 Q 时，会观察对手在同样的状态 s 下的行动 a^-，再借鉴 Q 学习中的 TD 方法来更新。

Nash-Q 学习算法[11]针对更为一般化的随机模型（即多智能体常和随机博弈）进行学习。该方法在学习中持续对行动值函数进行估计，而且随着其他智能体策略变化能够进行适应性调整。在更新行动值函数的过程中，通过计算纳什均衡来模拟其他智能体的行为。值函数具体定义如下：

$$V_i^*(s) \in \mathrm{NASH}_i\left(Q_1^*(s), \cdots, Q_n^*(s)\right)$$

其中，$\mathrm{NASH}_i(X_1, \cdots, X_n)$ 表示由奖励函数矩阵 $X_1, \cdots, X_n$ 决定的常和博弈下某个纳什均衡中对应第 i 个智能体的奖励值。遵循 Nash-Q 学习的智能体保持对联合行动值函数的估计。在每次状态转移后，由该值函数构造的简单博弈计算得出纳什均衡，并更新该行动值函数。

Minimax-Q 学习算法和 Nash-Q 学习算法都是瞄准纳什均衡进行学习。此外，Correlated-Q 学习算法[12]瞄准相关均衡进行学习。与 5.2.1 节中的均衡概念一致，纳什均衡是由各智能体动作集上的独立概率分布组成的一个向量，智能体根据其他智能体的概率分布来最优化自身利益；而相关均衡则是联合动作空间上的一个概率分布，智能体根据其他智能体对它的条件概率进行最优响应。Correlated-Q 中的值函数定义为

$$V_i^*(s) \in \mathrm{CE}_i\left(Q_1^*(s), \cdots, Q_n^*(s)\right)$$

其中，$\mathrm{CE}_i(X_1, \cdots, X_n)$ 表示由奖励函数矩阵 $X_1, \cdots, X_n$ 决定的常和博弈下某个相关均衡中对应第 i 个智能体的奖励值。

5.3.3　虚拟遗憾值最小化

虚拟遗憾值最小化(CFR)是另外一种计算博弈问题近似纳什均衡的算法。CFR 算法的前身是遗憾匹配(regret matching)，于 2000 年由 Hart 等[13]提出，其主要思想是智能体通过追踪对过去行动的遗憾程度来决定将来的行动选择。遗憾匹配可以看成一种在线学习算法，通过学习遗憾来建模其他智能体的策略。

例如，假设在两人"石头-剪刀-布"游戏中约定每人在桌子上放一元钱，并且重复玩很多轮次。某一局中如果有人获胜(例如一人出剪刀，另一人出石头)，那么赢家从桌子上拿走所有两元钱；否则(例如两人都出布)，两个人保留他们各自的钱。博弈效用值可以用净收益/损失来表示。进一步假设某局游戏中我方出石头，而对手出布且获胜，那么我方这一局的效用是 –1，而用剪刀和布对抗对手出布的效用将分别是 +1 和 0。所以我方后悔没有出布以获得平局，更后悔没有出剪刀以获得更大收益。因此，相对于其他玩家固定的行动选择，可以将我方没有选择某一行动的遗憾定义为该行动的效用与实际行动效用之间的差。

遗憾是在线学习一个非常重要的概念，是很多学习算法的重要概念基础。假设 t 时刻的策略组合为 $\left(\pi_i^t, \pi_{-i}^t\right)$，那么可以形式化定义智能体 i 从开始到 T 时刻的平均遗憾为

$$\text{Reg}_i^T = \frac{1}{T} \max_{\pi_i} \sum_{t=1}^{T} \left[u\left(\pi_i, \pi_{-i}^t\right) - u_i\left(\pi_i^t, \pi_{-i}^t\right) \right]$$

遗憾值最小化算法是通过计算平均遗憾值得到博弈中的行动策略，只适用于求解策略型博弈问题。在展开型博弈中，要计算博弈树的整体最小遗憾是不切实际的；而且展开型博弈是按次序做动作的，通过遗憾最小化算法不能立即得到下一动作的可选策略。因此，Zinkevich 等[14]引进了虚拟遗憾(counterfactual regret)的概念而提出 CFR 算法，用于求解展开型博弈问题。

在展开型博弈中，将博弈过程表示成一棵博弈树。CFR 算法不是最小化整体博弈的一个遗憾值，而是将遗憾最小化的任务分解为一些可以独立减小遗憾的子任务，并将这些独立的遗憾值称为虚拟遗憾值并分别最小化。所有虚拟遗憾值之和遵从一个平均整体遗憾的界限，通过最小化虚拟遗憾值，最小化平均整体遗憾，从而达到近似纳什均衡。

随着人们对提高算法计算和存储效率的不断追求，CFR 的各种改进算法应运而生，如 CFR+、Linear CFR、Deep CFR、蒙特卡罗 CFR（MCCFR）等，改进的方向包括遗憾值最小化策略、迭代过程中权值更新的规则以及博弈树的遍历方法等。2009 年，Lanctot 等[15]提出 MCCFR，其遗憾值更新策略与 CFR 相同，主要改进的方面在于使用蒙特卡罗采样方法减少每次迭代过程中遍历博弈树的规模，采样的方式包括机会节点采样、结果采样、外部采样等。2014 年，Tammelin[16]提出了改进算法 CFR+，不主张通过采样来缩减博弈树，而是在策略迭代更新时做出以下变化：首先，在每次迭代中将具有负遗憾值动作的遗憾值置零；其次，在计算平均策略时给每次迭代赋予与迭代次数成线性正比的权重，使得越往后的迭代轮次对平均策略的更新贡献越大。2019 年，Brown 等[17]在 CFR+的基础上提出了 Linear CFR 算法，将赋予权重的思想应用在了平均遗憾值更新上，进一步削弱了初始几轮决策对最终均衡策略收敛的影响。随后 Brown 等[18]将深度学习引入 CFR，提出 Deep CFR 算法，采用深度神经网络函数近似的思想，增加了类似于 AlphaGo 中的价值网络和策略网络，通过大量样本的训练使得网络可以针对任意局面输出近似的均衡策略。该方法甚至可以不需要相关领域的知识，因此还能够拓展应用于很多场景下的不完美信息博弈问题。

5.4　德州扑克博弈

德州扑克，简称德扑，是一种很流行的扑克游戏。通常由 2～10 人参加，游戏的目标是赢取其他玩家的筹码。德州扑克一共有 52 张牌，没有王牌。每个玩家分 2 张手牌，另有 5 张亮出的公牌。赢的方式有两种：一是在斗牌中胜出。即每个玩家从自己的 2 张手牌和 5 张公牌共 7 张牌中，任选 5 张组成最大的牌型，和其他玩家比大小。二是通过下注逼迫所有其他玩家放弃。玩家的手牌是互相不可见的，只能通过观察其他玩家的下注来推测其可能的手牌。

对于同时喜欢玩游戏、喜欢数学和思考别人想法的人而言，德州扑克可能是一个很好的选择。玩好德州扑克的要点在于对数学的理解、对对手的了解、对自己情绪的控制。在德州扑克中不仅要考虑自己的手牌，还要考虑对手手牌，以及每种局面下在数学上的计算结果。虽然获胜有时候存在一些运气因素，但是随着时间的推移，玩家的技能和策略将决定谁是赢家。近年来，顶级扑克比赛变得越来越数学化，顶级玩家花费大量时间进行游戏模拟并学习了解博弈论最佳玩法，当然一直玩最佳玩法也并不现实，在很多情况下，追踪对手的弱点更有意义[19]。

德州扑克与围棋的最主要区别在于德州扑克属于不完美信息博弈问题，其隐藏信息体现在不知道其他玩家的具体手牌是什么。在完美信息博弈中，每个玩家都知道自己在博弈树中所处的具体节点/状态；而在不完美信息的情况下，博弈状态存在不确定性，因为其他玩家的牌是未知的。因此，玩家需要综合考虑对手的多种可能性进行逐步推理，从而寻求一个期望收益尽可能高的结果。这种不完美信息博弈不追求每局都赢，而是追求能够做到在最应该投入的时候多赢和最应该放弃的时候少输的最优组合解。

5.4.1　德州扑克基本规则

德州扑克是当今世界上最受欢迎的扑克游戏种类之一，按照下注金额是否设限可分为限注游戏和无限注游戏，按照参与人数可分为双人(无)限注游戏和多人(无)限注游戏，其中双人无限注德州扑克(heads-up no-limit Hold'em，HUNL)游戏在目前的不完美信息博弈领域研究最为广泛。参照世界计算机扑克比赛中的规则，一个 HUNL 游戏的状态复杂度规模达到 10^{160} 数量级，加上其具有双人零和、信息隐藏、状态不确定等博弈特性，HUNL 已然成为不完美信息博弈问题的重要研究基准。在 HUNL 游戏中，两个玩家共同竞争由他们下注金额所构成的底池(pot)，在游戏开始前，双方玩家先后向底池中投入盲注，其中一方称为大盲注(big blind)，另一方则称小盲注(small blind)，大盲注的金额为小盲注金额的两倍。游戏开始后，每个玩家从一副标准的 52 张扑克牌中得到两张只有自己能看见的手牌(hole cards)，此后需要分别进行四个下注阶段：翻牌前阶段(preflop)、翻牌阶段(flop)、转牌阶段(turn)以及河牌阶段(river)，玩家在各下注阶段交替行动，例如，在翻牌前阶段由小盲注玩家先决定是否跟注(call)、加注(raise)或弃牌(fold)，然后大盲注玩家在收到小盲注玩家的行动后，根据自己的手牌和策略予以回应。当有一方选择弃牌动作时，这局游戏结束并由另一方赢得底池，若双方都未弃牌，则游戏将持续进行至河牌阶段后由双方摊牌判断胜负，牌力大者赢得底池，牌力相同则双方平分底池。特别地，在翻牌阶段至河牌阶段还将先后发出 5 张双方都可见的公牌(board)，其中翻牌阶段发出 3 张，转牌阶段与河牌阶段各发出 1 张，玩家的牌力大小将由自己的手牌与公牌共 7 张牌的组合中选择最强的 5 张牌决定，具体的大小排序如表 5.1 所示。

表 5.1　德州扑克牌力大小(降序排列)

牌型	定义	示例
皇家同花顺(royal flush)	同一花色最大的顺子	10 J Q K A
同花顺(straight flush)	同一花色的顺子	5 6 7 8 9
四条(four of a kind)	四张相同+单张	K 3 3 3 3
葫芦(full house)	三张相同+对子	J J J K K
同花(flush)	同一花色	2 4 5 9 K
顺子(straight)	花色不一样的顺子	A 2 3 4 5
三条(three of a kind)	三张相同+两张单牌	4 5 7 7 7
两对(two pair)	两个对子	4 9 9 K K
单对(one pair)	一个对子	3 Q K 10 10
高牌(high card)	花色不同、不连的单牌	2 4 8 Q K

　　根据以上介绍,玩家要想在德州扑克游戏中获胜一般包括两种方式:一是迫使对手在摊牌前弃牌,二是在摊牌后牌力胜于对手。虽然德州扑克游戏看上去规则并不复杂,但其中的玩法和策略却是纷繁复杂的,既可以严格按照自己的当前牌力大小进行价值型下注(value bet);也可以在拿到好牌时为了防止对手弃牌,暂时隐藏实力引诱其跟注;还可以通过虚张声势或诈唬(bluff)等手段逼迫对手弃牌。由此可见,德州扑克游戏中充分体现了价值投资、风险管理、隐藏欺骗等高层次认知思维,因而研究智能程序如何在这类游戏中开展人机对抗、机机对抗不仅是不完美信息机器博弈中的重要部分,也是推动整个人工智能领域向认知智能发展的重要里程碑。

5.4.2　扑克博弈树

　　5.2.2 节介绍过,展开型博弈问题可以用博弈树表示。由于德州扑克的博弈树过于复杂,为了便于说明,这里给出一个简化到只有三张牌扑克游戏(总共只有 J、Q、K 三张牌,两个玩家,且每个玩家只有一张手牌)的博弈树(图 5.6)[20]。最上面的节点是一个机会节点执行发牌的动作,图中只显示了其中两个结果:参与人 1、参与人 2 手牌分别是 Q 和 J、Q 和 K。

　　参与人 1 的初始行动是下注或过牌。如果参与人 1 下注,参与人 2 可以跟牌或弃牌。如果参与人 1 过牌，参与人 2 可以下注或过牌。如果参与人 1 过牌，参与人 2 下注，那么参与人 1 可以跟牌或弃牌。

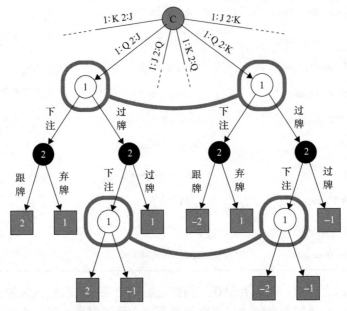

图 5.6 三张牌扑克游戏的博弈树[20]

请注意图中被圈起来且用线连接起来的节点，表示它们在相同的信息集中。如 5.2.2 节中介绍的，一个信息集由参与人在已知信息下所有的等效博弈状态共同组成。例如，在图中上面的信息集中，参与人 1 在两种状态下都有 Q，所以他在这两种状态下的行动是相同的(虽然参与人 2 的手牌可能是 K 或 J)，即参与人 1 所知道的信息是"我的手牌是 Q，开始行动"；在图中下面的信息集中，已知信息为"我的手牌 Q、我过牌、对手下注"。由此，可以看出，所有决策只能基于参与人所知道的信息，这与实际的博弈状态是有区别的。对于同种信息集，即参与人 1 过牌和参与人 2 下注之后，对于参与人 2 手牌是 J 和 K 这两种情况，参与人 1 进行跟注的结果是不一样的，分别是赢 2 和输 2。因此，在处理不完美信息博弈问题时，像处理完美信息博弈那样简单将效用值向上传播的方法不再适用。

5.4.3 德州扑克 AI 的技术路线

设计德州扑克 AI 的技术路线可以大致分为基于知识(使用规则或公式)、

基于模拟、基于博弈均衡解、基于对手建模及剥削等四条路线。在这四条路线中，近年来学术界的研究主要集中在如何使用博弈均衡解以及构建能够接近纳什均衡解的智能体。

1. 基于知识的方法

从 2000 年左右开始，扑克博弈问题成为学术界研究的热点问题之一，最早出现的求解方法是基于专家知识(knowledge-based)设计的，具体来说，就是将职业玩家的经验打法通过"if-then"程序语句进行规则编码，这通常需要借助公式计算或者人为判断将程序可能遇到的所有情况考虑在内。1998 年，阿尔伯塔大学的研究团队开发了一款名为 Loki 的德州扑克 AI，第一代 Loki 可以认为完全属于一种专家系统，其基于手牌强度和潜力的评估设计类似人类玩家的下注规则，在当时的扑克智能体研究领域中颇具影响力[21]。紧接着更多基于规则的德州扑克 AI 涌现，例如，2003 年，Follek[22]在其硕士论文中提出了名为 Soarbot 的多人无限注德州扑克 AI；2007 年，Wilson 开发了一款名为"Turbo Texas Hold'em"的商业德州扑克软件平台[23]；2009 年，McCurley[24]研发了基于知识的双人无限注德州扑克 AI "Phase 1"并在网上扑克平台进行了大量测试。

这些基于知识的方法为设计德州扑克智能体提供了简单直接的框架，然而它们也存在许多缺陷。首先，这类方法需要至少一个领域专家将知识编码为计算机程序，而这样的知识表征本身就是一个非常复杂的问题；其次，这种基于知识的扑克程序开发完成后，若想引入新的改进和更新，就不得不检查当前的各项逻辑规则以避免出现矛盾冲突，这使得程序优化和方法改进变得十分困难；除此之外，这类方法还有一个很大的缺陷是缺乏对实际对手和博弈场景的策略调整能力，这是限制以上所有德州扑克程序都无法达到人类高手玩家水平的关键因素，并且也直接导致了近年来的研究人员完全放弃了对此类方法的研究。

2. 基于模拟的方法

德州扑克 AI 研究的第二个分支是基于模拟的方法，其典型代表是蒙特卡罗搜索，这类方法相对于上述基于静态规则的方法具有明显的优势。经典的博弈树搜索算法(如最大最小值搜索算法)需要扩展整个博弈树至所有的终止叶节点，从而能够通过反向传播得到当前节点的平均价值，这样的搜索方法对于具有完全信息的博弈问题是适用的，然而对于德州扑克这类不完美信息博弈来说，单个玩家总是缺失某些节点的信息(对手的手牌信息)，因而经典的博弈树搜索算法不再适用，这时就需要引入蒙特卡罗搜索算法。蒙特卡罗搜索算法就是将蒙特卡罗采样与博弈树搜索两类方法相结合，对博弈树中的机会节点(chance node)及未知节点进行随机采样，并模拟展开至终止叶节点，这样的过程将重复多次直至当前节点的平均期望值能够收敛并趋于真实值。这类方法在应用于德州扑克之前也曾用于其他棋牌类游戏，如西洋双陆棋[25]、桥牌[26]等。1999 年，阿尔伯塔大学的研究团队基于蒙特卡罗搜索方法改进提出第二代德州扑克 AI[27]，经重新调整程序后将其重命名为 Poki，它将基于蒙特卡罗搜索的方法与基于规则的方法相融合，使得 AI 具备了初步的动态策略调整能力[28]。另外，Schweizer 等[29]设计了 AKI-RealBot 并获得了 2008 年世界计算机扑克机器博弈大赛(Annual Computer Poker Competition, ACPC)的六人无限注德州扑克组的亚军，其工作的突出之处是在蒙特卡罗搜索结果的基础上增加了后处理的决策机制。van den Broeck 等[30]在 2009 年提出了一种基于对手动作及手牌概率分布预测模型的蒙特卡罗搜索方法，其根据大量的游戏数据离线构建了一个一般化的对手行为模型，并以此改变蒙特卡罗搜索的采样方向使其偏向于接近当前牌局真实发展情况的节点和路径。

需要说明的是，单纯基于蒙特卡罗搜索方法很难直接开发拥有较高决策能力的德州扑克 AI，其在应用中通常作为一个基本工具与其他策略方法相结合，如前述提到的对手行为预测方法和基于规则的方法。除此之外，2015 年Heinrich 等[31]提出 "Smooth UCT" 方法，将蒙特卡罗搜索与上限置信区间(upper confidence bound, UCB)策略相结合应用于有限注德州扑克并获得2014 年 ACPC 的 3 块银牌，类似的研究案例时至今日仍有很多。

3. 基于博弈均衡解的方法

基于博弈均衡解的方法是德州扑克 AI 研究涉及最多的技术路线。德州扑克博弈问题存在一种均衡策略，可以在面对不同策略的对手保持不败，这一点在双人博弈场景可以完全证明。而要想在实际中精确求得这一均衡策略在德州扑克这样大规模的游戏中目前在计算上是不可能做到的，因此需要采取相应手段以求得近似均衡解，主要包括信息集压缩和迭代式自博弈两种技术。

信息集压缩技术是将博弈树中相似的状态节点和分支进行组合以减小博弈树的规模，2003 年，Billings 等[32]首先提出基于此技术的双人有限注德州扑克 AI "PsOpti"，将原始 10^{18} 量级规模的博弈树压缩为 10^7 量级。类似地，Salonen 提出的 BluffBot、Gilpin 等[33]提出的 GS2 均采用了信息集压缩技术并通过线性规划算法求解。此外，在规模更大的双人无限注德州扑克问题中，信息集压缩就显得更加重要。2006 年，Andersson[34]提出 Aggrobot，尝试将 PsOpti 中的方法直接迁移，但受限于计算和存储资源仍不能应用于完整游戏。2009 年，Waugh 等[35]提出"策略嫁接"的概念，指出可以将初始大规模的博弈问题分解为若干小规模的子博弈，并分别对这些子博弈问题进一步压缩求解，最后在基准策略上进行组合得到一个完整的分阶段联合策略，此后类似的研究大都是这一技术的扩展延伸。

迭代式自博弈是另一种求解双人德州扑克近似均衡的技术，即随机生成的初始策略程序通过不断与自己对弈逐步获得能力提升，最终随着迭代次数增加可以收敛至纳什均衡，其中最典型的方法是 CFR 类算法。2008 年，基于 CFR 类算法的程序 Polaris 首次在双人有限注德州扑克游戏中击败了人类职业选手[36]；2015 年，Cepheus 程序已经具备完全破解双人有限注德州扑克游戏的能力[20]；2017 年，加拿大的阿尔伯塔大学和美国的卡内基梅隆大学分别在 Science 杂志上发表文章宣布他们的程序（DeepStack 和 Libratus）能够在双人无限注德州扑克游戏中完胜人类职业玩家；2019 年，卡内基梅隆大学发布了能够在六人无限注德州扑克游戏中战胜人类职业玩家的程序 Pluribus。这些里程碑式的成就都是 CFR 类算法及其变体，至此对于德州扑克 AI 的研究热潮达到了顶峰。

4. 基于对手建模及剥削的方法

基于对手建模及剥削的方法是德州扑克 AI 研究的另一个分支。上述博弈均衡解是静态、鲁棒的策略，即不论对手是强还是弱都以同样的概率分布行动，这样能保证在长期博弈进程中面对各种对手都能保持最优收益，然而这样带来的缺陷是不能较好地鉴别对手策略并利用其弱点获得高于均衡的额外收益，此即对手建模及剥削方法研究的出发点。人类高手玩德州扑克游戏一般需要通过一定对局来了解对手的打法（即对手建模），从而制定并随时调整自己的制胜策略（即对手剥削）。类似地，人们希望计算机程序也具备这样的能力，2004～2006 年阿尔伯塔大学先后提出了两个德州扑克程序 Vexbot 和 BRPlayer，它们通过观察并记录对手在不同手牌水平下的行动频率，并归纳相似的行动序列总结得出对手的行为规律。McCurley[24]提出的方法是将在线扑克网站上的大量历史数据基于打法风格分类并用于训练神经网络预测对手的行动概率和手牌范围，预测结果进一步用于博弈树搜索得到当前选择各个行动的期望值。Raphaël 等[37]借助贝叶斯理论来更新并维护一个对手手牌信念表，游戏开始时该信念表初始化为在所有手牌范围的平均分布，随着对手行动该分布将逐步更新，并据此动态调整相应的对抗策略。2011 年，Rubin 等[38]在有限注和无限注德州扑克游戏中使用隐式建模技术，即不通过推断对手的策略参数或预测其动作，而是在预先准备的打法策略中使用 UCB1 算法动态选择策略，从而使自身策略具备多样性以应对不同的对手策略。2017 年，Li 等[39]提出一种 LSTM 网络策略模型用于对手的隐式建模，依靠 LSTM 网络处理扑克游戏的时序特性，在离线对抗时可以针对不同类型对手训练出应对策略，网络参数的更新是通过遗传算法进行的，Li 等在此基础上进一步开发了双人无限注德州扑克 AI 程序 ASHE。2019 年，在 ASHE 的启发下，Schreven[40]提出六人德州扑克锦标赛程序 Deepbot，将 LSTM 网络策略模型扩展用于多人场景中剥削对手，并通过实验证明了其在面对基于简单规则的对手时能够获得最大化收益。

5.4.4　先进德州扑克 AI 介绍

在众多德州扑克 AI 研究中，可以说，近些年最具代表性的成果是由阿尔伯塔大学和卡内基梅隆大学先后提出的。其中，阿尔伯塔大学研究团队于 2015 年基于 CFR 算法，完成了一对一有限注德州扑克的求解，紧接着在 2016 年研制了程序"深筹"（DeepStack），在一对一有限注德州扑克中完胜人类职业高手[41]。卡内基梅隆大学研究团队于 2017 年研制的"冷扑大师"（Libratus），同样在一对一无限注德州扑克中获得了完胜[42]。随后于 2019 年研制的 Pluribus 在六人桌比赛中战胜了人类职业高手，这可以说是人工智能首次在多人竞赛中获胜[43]。这些成果可以称得上是人工智能求解不完美信息博弈问题的突破性进展。接下来分别简要介绍这些程序所采用的主要方法。

1. "深筹"程序

"深筹"程序的主要思想是通过神经网络拟合 CFR 值，具体步骤可以概括如下：一是使用了 CFR 迭代算法的递归推理来处理信息的不完美。CFR 算法是一种将迭代过程导向最优策略的改进方法。通过多次迭代，计算博弈树中每个信息集的行动遗憾值，预测下一时刻的决策行动，并使这个行动是当前最小遗憾行动。它背后的含义很容易理解，即通过使每一轮的决策做到最小遗憾，尽可能地减少自身的损失，从而使收益最大化。二是 CFR 算法会在游戏的每一个节点重新计算一小段可能的博弈树，而不是提前算出整个博弈树，并通过一个快速估计器得到此时游戏局面的评估值，这一做法和 AlphaGo

十分类似。这个快速估计器实际上是一个七层神经网络，称为深度虚拟价值网络(deep counterfactual value network)，其结构见图 5.7。通过深度学习方法输入大量游戏对局的随机样本对其进行训练后，就可以实现对任意牌局的估计，作用相当于人类的直觉，让它可以在相对较短的时间内(大约 5s)进行更少的可能性计算，并做出实时决策。

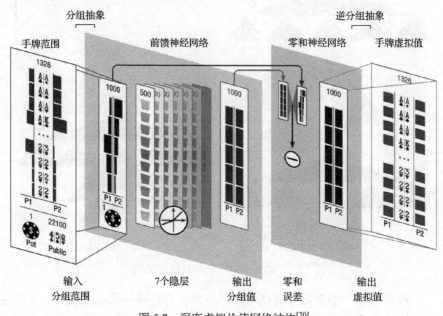

图 5.7　深度虚拟价值网络结构[20]

2. "冷扑大师"程序

"冷扑大师"是首个在一对一无限注德州扑克中战胜人类职业玩家的 AI。"冷扑大师"并不推测对手的下注策略，而是追求能够达到纳什均衡的策略。同时其不再积累大量的对局数据，而是平衡风险与收益。"冷扑大师"可以分为三个模块，如图 5.8 所示。

第一个模块对博弈进行约简化求解。完整的博弈包含很多状态，只有微小差别的状态之间往往没有必要分别独立处理。因此，可以对原始博弈进行抽象约简，减少搜索的状态空间。首先通过对牌面和押注进行抽象简化，可以使博弈状态大为减少，然后采用蒙特卡罗的 CFR 算法求解约简空间上的最优策略，称之为蓝图策略。

第二个模块用于处理当对手行动不属于抽象约简之后行动的情况。在蓝图策略的基础上，基于当前的牌面和比赛情况，构建一个全新的、更精细的子博弈问题，并对这个子博弈策略进行实时求解。这是"冷扑大师"的核心模块。

第三个模块随着比赛的进行，利用对手的动作填补蓝图策略中缺失的分支，并为这些分支计算策略估计，实现自我提升。

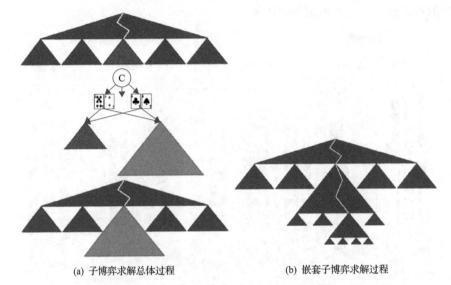

(a) 子博弈求解总体过程　　　　　　　　　(b) 嵌套子博弈求解过程

图 5.8　"冷扑大师"求解过程示意图[42]

"冷扑大师"的贡献及特点可以总结为：它是第一个击败一对一无限注德州扑克比赛顶级选手的计算机程序，也是第一个将子博弈求解引入大型不完美信息博弈的算法程序，算法中没有使用任何深度学习模型。

3. Pluribus 程序

Pluribus 是"冷扑大师"的升级版本，用于六人无限注德州扑克。一对一无限注德州扑克比赛和围棋等游戏都属于双人零和博弈，游戏中只能有一方可以获胜，用博弈论的术语来讲，这些人工智能程序所做的都是在找到一个接近纳什均衡的策略。纳什均衡策略就是指一系列能够使自己预期收益最大化的策略，无论对手做什么行动，至少自己不会输，另一个博弈者也会采取同样的策略。但在多人游戏中，就算每个玩家都独自找到了纳什均衡策略，这个总的策略集合也不一定是纳什均衡策略，而且随着人数的增多状态复杂度也大幅增加。

因此，Pluribus 的主要突破点在于：并不打算找到纳什均衡策略，而是采用一种能够经常打败人类选手的策略,通过对蒙特卡罗的 CFR 算法进行调整,使得 AI 机器可以出现诈唬、反诈唬等动作,而不是一味地保持保守的打法,这在德州扑克游戏中是很重要的,通过打法的调整,对手无法预测你的手牌,从而不能做出相应的判断。Pluribus 能够训练出强大的诈唬和反诈唬能力。不仅如此,经过调整后的实时搜索算法(图 5.9)在计算量和存储量需求大大减少的同时具有优良的计算速度。

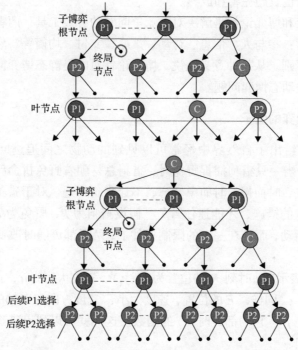

图 5.9　Pluribus 算法中的实时在线搜索过程[43]

　　尽管"深筹"、"冷扑大师"、Pluribus 这些程序是为玩扑克而开发的,但其中所使用的技术对求解其他领域的博弈决策具有很好的借鉴意义。此外,5.3.1 节中介绍的神经虚拟自我博弈在德州扑克中也得到了很好的应用,详见文献[44]中的综述。

5.5　追逃博弈与微分对策

　　微分对策是控制理论与博弈论结合的典型代表之一,最早是由 Isaacs[45]

于 20 世纪 50 年代在研究导弹拦截等问题时提出的，此后 Friedman[46]采用离散近似序列的方法建立了微分对策鞍点(微分对策的解概念之一)的存在性理论，奠定了微分对策的数学理论基础。微分对策通常被看成一个多方的最优控制问题来研究，但实际上早期的微分对策理论和最优控制理论①几乎是独立发展起来的。微分对策自提出以后，在世界军备竞赛的推动下，作为一个具有广泛应用前景的数学分支，得到了大量的关注和研究，取得了一系列研究成果，其理论也日趋完善和成熟。

微分对策和博弈论都是解决对抗竞争问题的有效工具，两者具有一些共同的基本要素：参与人、信息、行动、策略、支付、均衡等。然而，两者又有着本质的区别。从某种意义上说，博弈论针对的是静态博弈问题，而微分对策针对的是动态博弈问题。

5.5.1　追逃博弈的例子

文献[47]给出了自然界中经常可以见到的动物之间追逃问题的形式化描述。例如，当一只猎狗捕捉野兔时，猎狗总是朝着野兔拼命跑去，而狡黠的野兔时而快，时而慢，时而急转弯，不让猎狗得逞。对于猎狗来说，必须随时采取相应的措施，才能逮住野兔。假设猎狗为 P，野兔为 E，它们在地面上作追逃活动，而且在一定的限制条件下，两者都可随时改变自己的行动方案。

图 5.10 表示在 t 时刻 P 的位置为 (x_1, y_1)，速度大小为 u，速度方向与 X 轴的夹角为 α；同样，E 的位置、速度大小、速度方向与 X 轴的夹角分别为 (x_2, y_2)、v、β。它们都是时间 t 的函数。这样就可以列出猎狗和野兔的运动微分方程组：

$$\begin{cases} \dot{x}_1(t) = u\cos\alpha \\ \dot{y}_1(t) = u\sin\alpha \\ \dot{x}_2(t) = v\cos\beta \\ \dot{y}_2(t) = v\sin\beta \end{cases}$$

---

① 最优控制理论是现代控制理论的一个主要分支，着重于研究使控制系统的性能指标实现最优化的基本条件和综合方法。最优控制理论是研究和解决从一切可能的控制方案中寻找最优解的一门学科，是现代控制理论的重要组成部分。

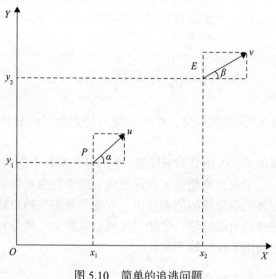

图 5.10　简单的追逃问题

一般地，还要加上初始状态：

$$\begin{cases} x_1(t_0) = x_{10} \\ y_1(t_0) = y_{10} \\ x_2(t_0) = x_{20} \\ y_2(t_0) = y_{20} \end{cases}$$

其中，t_0 是初始时刻；(x_{10}, y_{10})、(x_{20}, y_{20}) 分别是 P、E 的初始位置。

u、α 是 P 可控制的量，v、β 是 E 可控制的量。E 为了要规避 P 的追捕，需要不断改变自己的速度和运动方向，而 P 则想方设法要把猎物弄到手。但 P 与 E 的速度和运动方向总有一定的限制，如速度不可能很大、也不可能转很小的弯等。这些限制可用一组不等式表示出来：

$$\begin{cases} 0 \leqslant u \leqslant u_{max} \\ 0 \leqslant v \leqslant v_{max} \\ \vdots \end{cases}$$

其中，u_{max}、v_{max} 是给定的正数。

作为追逃活动的终止，应该使 P、E 之间的距离足够接近，即 $(x_1 - x_2)^2 + (y_1 - y_2)^2 = l^2$，其中 l 称为捕获距离。

最后，如果 t_0 和 t_f 分别是初始时刻和捕获时刻，那么猎狗抓住野兔所需要的时间就是

$$t_f - t_0 = \int_{t_0}^{t_f} \mathrm{d}t$$

猎狗想要尽可能缩短这个时间，而野兔努力使这个时间延长，且最好不让猎狗抓住。

这是一个简单的双人微分对策问题。我们自然对其中的两个问题感兴趣：①在什么条件下，猎狗最终能够捕获到野兔？或者野兔可以彻底摆脱猎狗的追踪？②野兔应该采取怎样的逃跑路线，才能尽量避免被猎狗捕获？同样，猎狗应该采取怎样的追踪路线，才能尽快地捕获野兔？微分对策理论对分析和解决这类问题提供了很好的工具。

5.5.2　微分对策的基本概念

微分对策实际上是一种连续时间无限动态博弈，也可以看成一个多方的最优控制问题。微分对策构成的元素一般包括参与人、状态集、控制集、状态微分方程、目标集、支付函数和信息结构。

参与人是指微分对策中具有决策权的各个参与者，可用集合 $P = \{1, 2, \cdots, N\}$ 来表示。

记微分对策的状态为 n 维状态向量 $x = (x_1, x_2, \cdots, x_n)^{\mathrm{T}}$，状态集 $S_0 \subseteq \mathbb{R}^n$ 表示微分对策的状态空间，即有 $x(t) \in S_0 (0 \leqslant t \leqslant T)$，其中为 T 微分对策结束时间。

记每个参与人的控制向量为 $u_i = (u_{i,1}, u_{i,2}, \cdots, u_{i,m_i})^{\mathrm{T}}$，控制集表示该参与人在博弈过程中的容许控制，即有 $u_i(t) \in U_i (0 \leqslant t \leqslant T)$。

微分对策的状态演化可用一组状态微分方程描述为

$$\begin{cases} \dot{x}(t) = f(t, x(t), u_1(t), \cdots, u_N(t)) \\ x(0) = x_0 \end{cases}$$

其中，$f = (f_1, f_2, \cdots, f_n)^{\mathrm{T}}$ 是微分对策状态向量 x、每个参与人控制量 u_i 和时间 t 的函数，对给定的微分对策初始状态 x_0，由上述公式可以计算出唯一一条对应的对策轨迹。

在微分对策中，对策时间 T 可以给定，也可以是一个变量。给定一个闭

集 $\varLambda = \{(t,x)\,|\,\psi(t,x(t)) \leqslant 0\}$，称之为目标集或终端集，表示对策结束时满足约束的状态集合，其中，$\psi(t,x(t)) = (\psi_1(t,x(t)),\cdots,\psi_L(t,x(t)))^{\mathrm{T}} \in \mathbb{R}^L$。对策结束时间定义为对策状态第一次达到目标集的时间，即

$$\begin{cases} x_0 \notin \varLambda \\ T = \min\{t \in \mathbb{R}^+ : (x(t),t) \in \varLambda\} \end{cases}$$

每个参与人都有各自对应的性能指标函数，即支付函数

$$J_i\big(u_1(t),\cdots,u_N(t)\big) = \int_0^T g_i\big(t,u_1(t),\cdots,u_N(t)\big)\mathrm{d}t + q_i(x(T))$$

其中，$g_i:[0,T] \times S_0 \times U_1 \times \cdots \times U_N \to \mathbb{R}$ 为积分型性能指标函数，$q_i:S_0 \to \mathbb{R}$ 为末值型性能指标函数，若对策时间 T 为变量，则末值型性能指标还可能与对策时间有关，记为 $\phi_i(T,x(T)):\mathbb{R}^+ \times S_0 \to \mathbb{R}$。与博弈论基本模型类似，在微分对策中，每一个参与人都试图通过自己的控制来最小化自己的性能指标，但每个参与人的性能指标不仅受自身控制的影响，还与其他参与人选择的控制有关，这就体现了微分对策的竞争性和冲突性。

与博弈论中的概念类似，在微分对策中，如果每一个参与人都能够获取其余所有参与人关于支付函数、决策策略的信息，则称这样的微分对策为完全信息微分对策，否则为不完全信息微分对策。在完全信息微分对策中，如果每一个参与人都能够获取对策空间的全部历史状态信息，则进一步称这样的微分对策为完美信息微分对策，否则为不完美信息微分对策。

5.5.3　微分对策的解概念

作为博弈论的一个分支，微分对策的求解关键是博弈中参与人最终达到的均衡状态以及相应的参与人控制策略和博弈轨迹。微分对策可以根据是否关注参与人的支付函数分为定量和定性微分对策。下面介绍定量与定性微分对策的区别以及对应的解概念。

1. 定量与定性微分对策

以上提到的几类微分对策中，每个参与人的目的都是取得自己支付函数的极小值，对策研究的核心也是求解各个参与人的最优控制策略以及对策最终所能达到的均衡状态，这类结合具体支付函数进行研究的微分对策称为定量微分对策。此外，还有一类微分对策称为定性微分对策，不考虑具体的支

付函数，而是针对对策空间，研究对策中某种结局能否实现，如二人追逃型微分对策中追击者能否实现对逃逸者的捕获。定性微分对策虽然不直接关注参与人的支付函数，但其关于对策结局可否实现的结论对决策者具有较强的指导意义，因此广泛应用于实际对抗问题尤其是军事对抗问题的研究分析中。

2. 定性微分对策的解：界栅

对于定性微分对策，参与人关心的不是具体支付函数的极值，而是对策的某种结局能否实现。例如，在二人追逃型微分对策中，针对追击者和逃逸者，可以将对策空间划分为两个可能的区域，一个为捕获区，另一个为逃逸区。在捕获区内，不论逃逸者采取何种控制策略，追击者总能选取合适的控制策略对其进行捕获；在逃逸区内，不论追击者采取何种控制策略，逃逸者总能选取合适的控制策略避免被捕获。捕获区与逃逸区的分界面称为界栅，在界栅上追逃双方将采取各自的最优控制策略从而避免自己进入逃逸区或捕获区。因此，定性微分对策研究的关键就是界栅的构造和形状。

3. 定量微分对策的解：纳什均衡

在定量微分对策中，如果存在一组参与人的控制策略 $\left(u_1^*,u_2^*,\cdots,u_N^*\right)$，使得对一切允许的控制策略 $(u_1,u_2,\cdots,u_N),u_i \in U_i(i \in P)$，参与人的支付函数都满足下面的不等式：

$$J_i\left(u_1^*,\cdots,u_{i-1}^*,u_i^*,u_{i+1}^*,\cdots,u_N^*\right) \leqslant J_i\left(u_1^*,\cdots,u_{i-1}^*,u_i,u_{i+1}^*,\cdots,u_N^*\right), \quad i \in P$$

则称这组控制策略为微分对策的纳什均衡，$u_i^*(i \in P)$ 称为参与人 i 的最优控制策略，由参与人最优控制策略 $\left(u_1^*,u_2^*,\cdots,u_N^*\right)$ 和状态微分方程所确定的轨迹 $x^*(t)$ 称为微分对策的最优轨迹。

特别地，对双人零和微分对策，两人的目标函数可以记为 $J_1 = J$、$J_2 = -J$，参与人 1 总是试图使 J 最小，而参与人 2 总是试图使 J 最大。则此时的纳什均衡条件可以简化为

$$J\left(u_1^*,u_2\right) \leqslant J\left(u_1^*,u_2^*\right) \leqslant J\left(u_1,u_2^*\right), \quad i \in P$$

这类微分对策的纳什均衡 $\left(u_1^*,u_2^*\right)$ 也称为鞍点。

纳什均衡的实际意义是对任意参与人 i，如果其他参与人采取了各自对应

的均衡策略 $u_j^*(j \in P, j \neq i)$ ，那么采取策略 u_i^* 对参与人 i 将是最优的，即任意偏离 u_i^* 的策略都使参与人 i 的支付函数更大。因此，对具有理性的决策者而言，在微分对策中他们将采取各自对应的均衡策略，以保证自己在对策中所能获得的收益不会更差。与其他博弈论模型相类似，在定量微分对策中，纳什均衡也并不总是存在的，即使存在也并不一定是唯一的。

参 考 文 献

[1] 内拉哈里. Y. 博弈论与机制设计[M]. 曹乾, 译. 北京: 中国人民大学出版社, 2017.

[2] 蒂姆·拉夫加登. 斯坦福算法博弈论二十讲[M]. 郝东, 李斌, 刘凡, 译. 北京: 机械工业出版社, 2020.

[3] Nisan N, Roughgarden T, Tardos E, et al. Algorithmic Game Theory[M]. Cambridge: Cambridge University Press, 2007.

[4] Heinrich J, Silver D. Fictitious self-play in extensive-form games[C]. Proceedings of the 32nd International Conference on Machine Learning, Lille, 2015: 805-813.

[5] Heinrich J, Silver D. Deep reinforcement learning from self-play in imperfect-information games[J]. arXiv preprint arXiv: 1603.01121, 2016.

[6] Lu Y, Yan K. Algorithms in multi-agent systems: A holistic perspective from reinforcement learning and game theory[J]. arXiv preprint arXiv: 2001.06487v3, 2021.

[7] Gupta A, Yang Z. Adversarial reinforcement learning for observer design in autonomous systems under cyber attacks[J]. arXiv preprint arXiv: 1809.06784, 2018.

[8] Kawamura K, Tsuruoka Y. Neural fictitious self-play on ELF mini-RTS[J]. arXiv preprint arXiv:1902.02004, 2019.

[9] Silver D, Hubert T, Schrittwieser J, et al. Mastering chess and shogi by self-play with a general reinforcement learning algorithm[J]. Science, 2017, 362: 1140-1144.

[10] Littma M L. Markov games as a framework for multi-agent reinforcement learning[C]. International Conference on Machine Learning, New Brunswick, 1994: 157-163.

[11] Littman M L. Value-function reinforcement learning in Markov games[J]. Cognitive Systems Research, 2001, 2(1): 55-66.

[12] Greenwald A, Keith H. Correlated Q-learning[C]. International Conference on Machine Learning, Washington D C, 2003: 242-249.

[13] Hart S, Mal-Colell A. A simple adaptive procedure leading to correlated equilibrium[J]. Econometrica, 2000, 68(5): 1127-1150.

[14] Zinkevich M, Johanson M, Bowling M H, et al. Regret minimization in games with

incomplete information[C]. Neural Information Processing Systems, Vancouver, 2008: 1-8.

[15] Lanctot M, Waugh K, Zinkevich M, et al. Monte Carlo sampling for regret minimization in extensive games[C]. Neural Information Processing Systems, Vancouver, 2009: 1078-1086.

[16] Tammelin O. Solving large imperfect information games using CFR+[J]. arXiv preprint arXiv: 1407.5042, 2014.

[17] Brown N, Sandholm T. Solving imperfect-information games via discounted regret minimization[C]. AAAI Conference on Aritificial Intelligence, Honolulu, 2019: 1829-1836.

[18] Brown N, Lerer A, Gross S, et al. Deep counterfactual regret minimization[C]. International Conference on Machine Learning, Long Beach, 2019: 793-802.

[19] Chiswick M. AI poker Tutorial[EB/OL]. https://aipokertutorial.com/.[2021-10-11].

[20] Bowling M, Burch N, Johanson M, et al. Heads-up limit Hold'em poker is solved[J]. Science, 2015, 347(6218): 145-149.

[21] Billings D, Davidson A, Schaeffer J, et al. The challenge of poker[J]. Artificial Intelligence, 2002, 134(1-2): 201-240.

[22] Follek R I. SoarBot: A rule-based system for playing poker[D]. New York: Pace University, 2003.

[23] Hartmann D. Algorithms and assessment in computer poker[J]. ICGA Journal, 2007, 30(1): 45-47.

[24] McCurley P. An artificial intelligence agent for Texas Hold'em poker[D]. Newcastle: University of Newcastle Upon Tyne, 2009.

[25] Tesauro G. Temporal difference learning and TD-gammon[J]. Communications of the ACM, 1995, 38(3): 58-68.

[26] Ginsberg M L. GIB: Steps toward an expert-level bridge-playing program[C]. International Joint Conference on Aritificial Intelligence, Stockholm, 1999: 584-589.

[27] Billings D, Schaeffer J, Szafron D, et al. Using probabilistic knowledge and simulation to play poker[C]. AAAI Conference on Aritificial Intelligence, Orlando, 1999.

[28] Davidson A, Szafron D, Holte R, et al. Opponent modeling in poker: Earning and acting in a hostile and uncertain environment[D]. Edmonton: University of Alberta, 2002.

[29] Schweizer I, Panitzek K, Park S H, et al. An exploitative Monte-Carlo poker agent[C]. Annual Conference on Artificial Intelligence, Arlington, 2009: 65-72.

[30] van den Broeck G, Driessens K, Ramon J. Monte-Carlo tree search in poker using expected reward distributions[C]. Asian Conference on Machine Learning, Nanjing, 2009: 367-381.

[31] Heinrich J, Silver D. Smooth UCT search in computer poker[C]. The 24th International

Joint Conference on Artificial Intelligence, Buenos Aires, 2015: 554-560.

[32] Billings D, Burch N, Davidson A, et al. Approximating game-theoretic optimal strategies for full-scale poker[C]. International Joint Conference on Aritificial Intelligence, Acapulco, 2003: 661-668.

[33] Gilpin A, Sandholm T. Better automated abstraction techniques for imperfect information games, with application to Texas Hold'em poker[C]. Proceedings of AAMAS, Honolulu, 2007: 1-8.

[34] Andersson R. Pseudo-optimal strategies in no-limit poker[J]. ICGA Journal, 2006, 29(3): 143-149.

[35] Waugh K, Bard N, Bowling M. Strategy grafting in extensive games[C]. Neural Information Processing Systems, Vancouver, 2009: 2026-2034.

[36] Rehmeyer J, Fox N, Rico R. Ante up, human: The adventures of Polaris the poker-playing robot[J]. Wired, 2008, 16(12): 186-191.

[37] Raphaël M, Jérémie M, Rémi M. Adaptive play in Texas Hold'em poker[C]. European Conference on Artificial Intelligence, Patras, 2008: 458-463.

[38] Rubin J, Watson I. Implicit opponent modelling via dynamic case-base selection[C]. Workshop on Case-based Reasoning for Computer Games at the 19th International Conference on Case-based Reasoning, London, 2011: 63-71.

[39] Li X, Miikkulainen R. Evolving adaptive LSTM poker players for effective Opponent exploitation[C]. AAAI Conference on Artificial Intelligence, San Francisco, 2017: 4-9.

[40] Schreven C V. Deepbot-poker[EB/OL]. https://github.com/tamlhp/deepbot-poker.[2021-10-11].

[41] Moravcík M, Schmid M, Burch N, et al. DeepStack: Expert-level artificial intelligence in heads-up no-limit poker[J]. Science, 2017, 356(6337): 508-513.

[42] Brown N, Sandholm T. Superhuman AI for heads-up no-limit poker: Libratus beats top professionals[J]. Science, 2018, 359(6374): 418-424.

[43] Brown N, Sandholm T. Superhuman AI for multiplayer poker[J]. Science, 2019, 365(6456): 885-890.

[44] 袁唯淋, 廖志勇, 高巍, 等. 计算机扑克智能博弈研究综述[J]. 网络与信息安全学报, 2021, 7(5): 57-76.

[45] Isaacs R. Differential Games[M]. New York: John Wiley & Sons, 1965.

[46] Friedman A. Differential Games[M]. Providence: American Mathematical Society, 1974.

[47] 是兆雄. 微分对策与最优控制[J]. 自然杂志, 1983, 6(10): 733-740.

第 6 章　人工智能对军事博弈对抗的影响

由于战场环境具有一些特殊性质(如信息不完整性、行动不确定、响应时间短、涉及要素多等)，相对于民用领域，人工智能在军事领域的应用将面临更严峻的挑战。世界各国纷纷加强布局研究人工智能在国防安全和军事领域的应用。例如，2018 年，美国陆军与"策略机器人"(Strategy Robot)公司签订高达千万美元的合同，其目的是赞助德州扑克求解技术的研究工作。美国新安全中心智囊团表示"冷扑大师"(Libratus)所采用的技术可以使战争游戏和模拟练习变得更有用。该技术给出的结果可能仍然只是战略规划和研究的一个组成部分。此外，DARPA 正在启动一项计划，探索如何将"冷扑大师"中的技术应用于军事决策。同样，兵棋推演也是智能博弈对抗的典型应用领域。2019 年，美国陆军战争学院举办了 AI 兵棋推演会议。美国国防部几乎在每次开展各类军事行动之前，都会借助兵棋推演来衡量行动成功的概率，进而不断地完善行动方案。

本章根据近年国内外研究资料，介绍人工智能影响下的军事博弈对抗发展趋势。首先从军事应用角度介绍人工智能技术的优势与面临的挑战，其次介绍当前阶段人工智能对军事领域的渗透，然后介绍人工智能对未来战争形态的改变，最后介绍人工智能武器的发展、风险与挑战。

6.1　人工智能技术的优势与挑战

由于军事问题的特殊性，人工智能技术在军事应用中发挥重要作用的同时，也将面临一些挑战[1]。整体而言，人工智能的技术优势与挑战主要包括自主、速度、分析、增强、可解释性等多个方面。

(1)自主：人工智能是自主系统的主要驱动因素，而自主系统通常被认为是军事上主要的技术优势。以人工智能为基础的自主技术是美国政府"第三次抵消战略"的焦点[2]。虽然自主武器系统可以降低军事人员的风险，然而完全脱离人为控制的自主武器系统将会带来很大风险，并可能引发法律和道德上的问题[3]。

(2)速度：人工智能在战斗中引入一种在极端时间尺度下工作的独特方法，

从而具有快速反应的能力，使得自主系统能够完成超出人类耐力的长时间任务。在指挥控制中，人工智能系统同样有潜力加快作战速度。人工智能可以为决策者提供快速处理海量信息的能力，比当前的指挥控制工具更快地提出行动建议。

（3）分析：人工智能可用于分析处理爆炸式增长的信息数据。人工智能系统可以显著提高情报信息分析能力，通过对数据进行分类来筛选有用信息。此外，人工智能算法可以根据历史数据对未来行为和态势发展进行预测。

（4）增强：人工智能能够通过提升人类士兵的能力和军事系统的能力来提高作战能力。随着人工智能系统接管人工日常任务或授权士兵控制人工智能系统，单个作战单元的能力将会提高。在人的指导和控制下，人工智能系统编队能够协同完成复杂的任务。

（5）可解释性：人工智能推理的不透明性可能导致操作员对系统能力的信心与其实际能力不相符，因此当人类和人工智能团队执行任务时，如果人工智能不满足可解释性，将在军事实际应用中带来一系列问题。DARPA 曾进行一项为期五年的研究工作，开发可解释的人工智能工具[4]。其他一些研究机构也正试图对人工智能算法进行逆向分析，以便更好地了解算法的运行机理。一些分析人员尤其担心，如果人类不理解机器是如何得出解决方案的，那么很难完全基于人工智能分析来做出决定。

6.2　人工智能对当前军事领域的渗透

军事智能系统可以简单地理解为能够感知环境，进而为达成目标而采取行动改变环境的系统。从国防和军队建设角度看，机械化和信息化是智能化的基础，机械化提供了改变环境的能力，信息化提供了感知环境和通信的能力，而智能化是搭建从感知到执行的桥梁。人工智能技术逐步渗透到情报侦察监视、指挥决策、任务执行、网络空间、后勤保障等具体的军事领域中。

6.2.1　情报侦察监视

人工智能在处理海量情报数据中发挥着重要作用。之前，情报分析人员需要花费数小时在得到的视频等数据中筛选可用的信息，现在人工智能技术将使分析人员的工作实现自动化，并使指挥员能够根据数据做出更有效、更及时的决策。此外，世界各主要强国已大量使用无人机执行空中侦察监视任务，瞄准陆战场和海战场的"智能微尘"传感器节点组网、微纳无人平台、无人潜航器、水面水下预置系统都在加紧研制的过程中，以期对目标海域实施持久封控。美国国防部于 2017 年 4 月组建了算法战跨职能小组（AWCFT）并推出 Maven 项目，研究如何快速从"扫描鹰"、MQ-9"死神"等无人机（图 6.1）拍摄到的数百万小时视频图像中，自主识别感兴趣的物体。其研究成果已应用于叙利亚、伊拉克战场，展现了人工智能在情报处理分析方面的巨大潜力[5]。智能无人装备和智能信息处理技术使得战场日益透明化。

(a) "扫描鹰"小型无人机　　　　　　　　　　(b) MQ-9"死神"无人机

图 6.1　用于侦察监视的无人机

6.2.2　指挥决策

美国国防部在 2008 年启动了"深绿"计划，试图实现"从草图到决策"、"从草图到计划"[6]。美国陆军于 2016 年启动了"指挥官虚拟参谋"项目，将提供从规划、作战准备、执行到复盘的全过程决策支持。美国空军正在开发一套多领域指挥和控制系统（MDC2）[7]，目标是在空中、空间、网络空间、海洋和陆地等领域集成规划和执行的能力。MDC2 的目标是将人工智能用于融合来自所有领域的数据，为决策者创建单一的信息源，也称通用作战图。由于可用的信息通常来自多个平台，故而往往格式不同、互相冗杂、未消除差异，基于人工智能的通用作战图将自动消除输入数据的误差，将这些信息综合到一个视图中并能够提供友军和敌军部队的直观态势。另外，人工智能可用来识别对手切断的通信链路并寻找其他方法来发布信息。随着人工智能系统日益成熟，人工智能算法可能会在实时分析战场空间的基础上，为指挥官提供可行的行动路线，使其能够更快地适应突发事件。例如，俄军"仙女座-D"在叙利亚战场展现了较高的自动化程度[8]。

6.2.3　任务执行

新型智能化武器平台正在逐步登上战争舞台。美军近年来一直在实战中大量使用"捕食者"、"死神"等无人机进行侦察监视和精确打击，使用"大狗"机器人进行运输、排雷以及协助作战。美国空军研究实验室完成了对"忠诚僚机"计划的第二阶段测试——该计划将老式的无人驾驶战斗机与有人驾驶战斗机的 F-35 或 F-22 搭配。在测试中，F-16 测试平台(无人驾驶的"忠诚僚机")自主对未预设事件做出反应，如无法预见的障碍和天气。随着项目的推进，人工智能可能使"忠诚僚机"能够完成对有人飞机的引导任务，例如，用干扰来应对电子威胁。2016 年 11 月，美国海军完成了对无人舰艇集群的测试，包括对敌方防御系统实施饱和攻击的低成本无人船集群和小编队的遥控驾驶飞机。这些遥控驾驶飞机编队协同提供电子攻击和火力支援，并为地面部队提供定位导航和通信网络。这次海军测试中，有五艘无人驾驶的舰艇在切萨皮克湾 4mi×4mi(1mi=1.609km)的区域进行协同巡逻，并拦截了一艘"入侵者"船只。未来这些技术将进一步应用于港口防御、潜艇狩猎和在大型海军舰艇编队前进行侦察等任务中。俄军在 2015 年底实施了世界上首次士兵-机器人协同作战，派出了"天王星-9"无人战车进入叙利亚战场(图 6.2)。2018年 3 月，库尔德武装使用多架无人机携带小型炸药突袭了土耳其的一个前线弹药库。据报道，近年来我国出口的彩虹系列无人机已在多国投入实战[9]。无人装备打击将主宰可以预见的未来战场。

图 6.2　俄军的"天王星-9"无人战车

6.2.4　网络空间

当前网络防御对自动化和人工智能的依赖程度大幅提升，人工智能技术能够在网络空间安全态势感知、网络空间攻击检测与响应、网络空间作战推演等方面提供高质量的辅助决策，使相关行动更加准确、高效。根据美国智库 CB Insights 的统计结果，在应用人工智能技术的各领域中，网络安全是活跃度排名第四的行业。例如，思科公司面对着日益升级的勒索软件威胁和不断增长的加密流量规模，正在打造深度学习感知、智能协作的创新安全架构，希望不仅能通过已知威胁来寻找同类威胁，更能通过已知威胁去发现未知威胁，甚至通过分析未知威胁数据来寻找未知威胁。人工智能可能会在网络空间领域产生重大影响。在网络对抗方面，机器自动攻防、自动漏洞挖掘与利用成为重点关注和发展的方向。2016 年，DARPA 组织的网络超级挑战赛 (Cyber Grand Challenge, CGC) 展示了人工智能网络工具的潜在能力。CGC 决赛现场见图 6.3。在这场比赛中，由 7 台计算机组成的网络存在着漏洞，而且这些漏洞可以模仿现实世界中的小故障。选手们开发了人工智能算法来自动识别和修补自己软件中的漏洞，同时对其他团队的弱点进行攻击[10]。

图 6.3　CGC 决赛现场

6.2.5　后勤保障

　　人工智能在军事后勤保障领域具有广阔的应用前景。例如，美国空军正致力于在飞机维修保障中使用人工智能技术，具体对每架飞机的维修工作开展定制化的设计并对飞机的状态进行预测。此外，智能化后勤装备的独特作用在近几场局部战争中已有所体现，如无人化运输车、无人机前送、战场救护机器人、炒菜机器人、无人值守洗衣车、无人值守厨房、无人面包加工方舱等优势明显，其应用已从传统的物资装卸搬运、战场伤员救治和运输补给等领域拓宽到核生化探测侦检、工程保障和自主加油等勤务领域，功能上由单一功能向多功能复合发展，使用空间也从以地面为主向空中和水上水下拓展。图 6.4 和图 6.5 分别给出了无人机定点投送和无人车运送伤员的现实场景。

图 6.4　无人机定点投送

图 6.5　无人车运送伤员

6.3　人工智能对未来战争形态的改变

关于人工智能对未来战争的影响程度，主要存在如下三种观点：第一种观点认为影响很小。虽然很多分析人士认为军事人工智能技术仍然处于初级阶段，但是很少有专家认为人工智能长期都不会发挥重要作用。第二种观点认为具有重大影响。一些人认为，人工智能至少会对战争产生重大影响。其中一些人士认为人工智能是一种"潜在的破坏性技术,可能在作战中发挥关键作用",并进一步断言该技术可能"在整体上提高军事效能和作战潜力"[11]。人工智能相关研究项目将使现有系统的处理速度更快、效率更高,同时也提供应对数据激增下的情报评估和决策的一种解决手段。然而,他们指出,近期人工智能主要还是在局部和特定任务中发挥作用,而且仍然需要人来监管。第三种观点认为人工智能将对战争产生革命性的影响。有分析指出"人工智能将引发战场上的巨变",并"从根本上改变战争的方式"。这种观点认为人工智能的变革潜力巨大,将挑战存在已久的基本作战原则,并认为人工智能具有促进制信息权和"消除不确定性"的能力,能使决策更快、质量更高,将在战时发挥决定性作用。目前,一些军队仍然主要倾向于建设昂贵的、具有精密能力的武器平台,人工智能技术将扭转这种思路,以大量成本更低、能力足够的系统取而代之。此外,还有一些科学家和战争历史学家强调,由于从前的技术革命对军事的影响大多都是事后才认识到的,人工智能的真正效用在战争运用之前同样可能难以充分显现。

6.3.1　新型作战概念

作战概念,是对作战活动本质特征的理性认识与科学把握。创新作战概念,已成为汇聚先进理念、感知未来战场、指导作战行动的重要抓手[12]。作战概念的起源与发展主要来自美军,经过大量作战理论研究与战争冲突检验,形成了一系列作战概念,如网络中心战、空海一体战等。二战结束以来,美国与主要战略对手之间的国防科技竞争大致经历了四个发展阶段:核技术优势阶段(二战结束~1970年)、非对称优势阶段(1970~1991年)、信息技术优势阶段(1991~2014年)、颠覆性技术优势阶段(2014年至今)[13]。伊拉克战争之后,美国开始将视线转移到快速发展的中国。2012年6月,美国国防部长帕内塔提出了美国"亚太再平衡战略"等。牵引美军作战概念和装备发展的威胁想定已经发生变化,即逐渐将中、俄列入主要位置并持续关注"灰色地带"对抗和局部战争[13]。2014年以来,美军逐渐将人工智能、无人集群、反介入/区域拒止(A2/AD)等颠覆性技术作为其保持非对称作战的优势技术,设计了分布式杀伤、马赛克战、多域战、决策中心战等新式作战概念[13]。表6.1给出了美军以信息技术优势发展转变为以颠覆性技术优势发展阶段对比情况。下面重点介绍近年来比较热门的三个作战概念:分布式作战、决策中心战和联合全域指挥与控制。

表 6.1　美军以信息技术优势发展转变为以颠覆性技术优势发展阶段对比[13]

	信息技术优势阶段	颠覆性技术优势阶段
时期	1991～2014 年	2014 年至今
威胁想定	恐怖主义、局部战争	中、俄、"灰色地带"、局部战争
技术优势	空中优势、广域监视、无人技术、信息技术优势	反 A2/AD、人工智能、无人集群、拒止环境感知与作战等技术优势
作战概念	网络中心战(1997 年)、空海一体战(2010 年)、联合作战进入概念(2012 年)	第三次抵消战略(2014 年)、跨域作战(2014 年)/多域战(2016 年)、分布式杀伤(2014 年)、全球公域介入与机动联合(2015 年)、分布式空中作战(2014 年)、马赛克作战(2017 年)、穿透性制空(2016 年)、决策中心战(2019 年)、联合全域指挥控制(2019 年)
典型武器装备或研制计划	F-22、F-35、EA-18G、MQ-1、RQ-4、RQ-170、LRASM、C4ISR 系统、濒海战斗舰等	XQ-58A、MQ-25、朱姆沃尔特级驱逐舰、福特级航空母舰、B-21、TERN、KC-Z 隐身加油机、RQ-180、下一代战机等
典型战争冲突	科索沃战争(1999 年)、阿富汗战争(2001 年)、伊拉克战争(2003 年)、利比亚战争(2011 年)	"灰色地带"对抗、下一场局部战争

1. 分布式作战

"分布式作战"是美军着眼未来提出的一种化整为零的新型作战理念。在此基础上,美国海军提出了"分布式杀伤"作战概念,并于 2017 年正式写入美国海军水面战战略。美军宣称将以此取代航母打击群在某些特定作战任务中的核心位置,意图打造海上进攻之矛。

"分布式杀伤"作战概念(图 6.6)的核心思想是,部署大量可威胁敌方舰船、飞机或海岸设施的海军舰船,为潜在敌人制造难以解决的目标选择问题,整体上则达到"空间上分散,效能上集中"的效果。这一概念强调构建小型编队,意图"使更多的水面舰船,具备更强的中远程火力打击能力,并让它们以分散部署的形式更为独立地作战,来增强敌方的应对难度,并提高己方的战场生存性",最终实现扩大在全球重要海区的存在与控制范围的目标。要达成能够将整个作战体系分开的目的,关键需要做到几个方面:一是提升单个作战单元区域防空能力,保证该单元具有足够的战场生存能力;二是为需要进行攻击任务的各单元配备更远程的打击手段,保证在发现攻击目标后整个作战区域内的攻击单元都能在同一时刻对其发起攻击;三是为非战斗舰配备适当的武器装备,如在运输舰上配备宙斯盾系统或反舰系统,保证体系内作战闭环的完整性；四是构建完善的舰队指挥、协调体系，使各单元能够协调完成类似大型航母舰队的功能[14]。

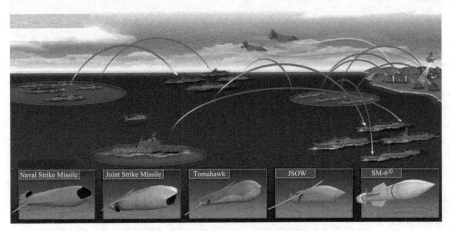

图 6.6　　"分布式杀伤"作战概念图

2021 年 8 月 3～16 日，美国海军在全球多个地区同时举行名为"大规模演习-2021"（Large Scale Exercise 21, LSE 21）的军事演习活动，海上分布式作战是此次军演着重检验的战法。据美军官方网站宣称，此次演习将在全球 17个时区同步开展，主体力量由海军和海军陆战队组成，参演舰船包括航母、驱逐舰、潜艇等多种类型。因此，美国媒体称其为近 40 年最大规模的演习，甚至有媒体称它是一次史无前例的大规模海上演习[15]。

2. 决策中心战

2017 年，DARPA 提出"马赛克战"作战概念，试图寻找一类类似于"马赛克"的、灵活可组的标准化功能单元，并以此为基础，统筹作战需求和可用资源，在功能层面进行要素集成，利用自组织网络构建高度分散、灵活机动、动态可组、自主协同的"杀伤网"，从而让己方拥有更多选择，让对手陷入更复杂、更不确定的"战场迷雾"，最终在体系对抗中赢得主动。2019 年12 月，美国著名智库战略与预算评估中心（Center for Strategic and Budgetary Assessments, CSBA）发布题为"夺回海上优势：为实施'决策中心战'推进美国水面舰艇部队转型"的报告，提出了"决策中心战"作战概念。"决策中心战"概念着眼于大国对抗的作战需求，立足维持和巩固美国的海上优势，旨在推动美军从"信息为中心作战"向"决策为中心作战"转变，从"掌控信息优势"向"掌控决策优势"转变。

"决策中心战",即以决策为中心的作战理念,认为即使拥有信息优势,如果不能正确决策,也将失去作战优势。因此,"决策中心战"的制胜机理是保持己方决策优势,同时使敌方处于决策劣势,即要求己方的作战决策要迅速而正确,同时想办法降低敌方的决策速度和质量。"决策中心战"不着眼于摧毁敌方力量,而是侧重于比敌方做出更快更好的决策,给敌方造成多重困境,使其无法实现目标。

2020 年 2 月 11 日,美国战略与预算评估中心发布题为"马赛克战争:利用人工智能和自主系统来实施以决策为中心的行动"的报告,将马赛克战作为以决策为中心的作战实例进行分析。"马赛克战"(图 6.7)的中心思想是:通过使用人工指挥和机器控制迅速组成及重组一支更为分散的美国军事力量,以此使美国部队具有更强的适应能力,并对敌人造成态势认识和指挥决策的复杂性或不确定性。美国想要实施马赛克作战或其他形式的决策中心战,需要对兵力设计和指挥控制流程进行实质性的改变。

图 6.7　"马赛克战"作战概念

3. 联合全域指挥与控制

近年来,美国国防部提出了"联合全域指挥与控制"(joint all domain command-and-control, JADC2)的作战概念(图 6.8),将来自空军、陆军、海军陆战队、海军和航天部队的所有军种的传感器连接到一个单一网络中。2020

年3月5日，美国空军柯蒂斯·李梅条令制定和教育中心发布《空军条令说明1-20：空军在联合全域作战中的任务》，首次将联合全域作战(joint all domain operations, JADO)和JADC2写入空军条令，标志着美国空军在 JADO/JADC2发展上进入了新的阶段。JADC2设想为联合部队提供一个类似云的环境，以共享情报、监视和侦察数据，跨多个通信网络传输，从而实现更快的决策。

图6.8　"联合全域指挥与控制"作战概念

JADC2作战概念需要满足两个关键需求：行动速度、处理和分析在过去不被察觉的海量复杂数据的能力。大幅增加人力资源是此类问题的一个解决方案，但数据的复杂性和所需的行动速度更需要逐步改善指挥控制系统的能力，而人工智能技术可带来颠覆性变化。JADC2需要全面、动态、近实时通用态势图，人工智能无疑可以帮助加快决策速度。人工智能可以根据先前的经验对数据进行自动过滤和配置。此外，其还具有检查指挥决策和学习，为实现任务目标应采取的措施，自动提议行动并对其进行排名的能力[16]。

6.3.2　新型作战样式

新技术、新装备将催生出新的作战样式，进而催生出新的作战理论。作为具有颠覆性的技术，人工智能将悄然改变未来的战争形态，"战争将由此变得不同"。根据公开资料，目前美军论证的一些作战行动样式包括有人/无人协同作战、"独狼式"恐怖袭击、无人系统编队独立作战、母舰-蜂群集群作战、广域分布式自主行动作战、分布式精确饱和攻击作战。下面将详细介绍有人/无人协同作战、"独狼式"恐怖袭击、母舰-蜂群集群作战。

1. 有人/无人协同作战

随着无人系统自主进行环境感知、规划决策、运动控制等能力的大大增强，无人系统的任务范畴从情报、监视、侦察任务扩展到包括防空压制、纵深打击、战场支援等全面任务。通过与有人装备混合作战，可完成更复杂的任务。有人/无人协同体系破击战是指在有人/无人混合的战争形态下，基于智能无人系统作战体系，着眼快速高效达成作战目的，突出有人/无人互补优势，实现破击敌方目标体系、降低敌方作战能力的手段和作战样式。如图 6.9（照片由美国陆军 Kimberly Bratic 拍摄）所示，2016 年 7 月 22 日，美国夏威夷海军陆战队训练区第 25 步兵师的一名士兵操控载物机器人 Kobra 710 进行训练[17]。

图 6.9　士兵与载物机器人

2. "独狼式" 恐怖袭击

"独狼式" 恐怖袭击是指独立使用单套高端无人系统（如图 6.10 中的无人机）作战。这种无人系统具备渗透式侦察/打击能力，可突破敌方严密防御体系，执行隐蔽抵近侦察、目标监视与跟踪、精确打击与评估等作战任务。2019 年 9 月，一名 25 岁 "伊斯兰国"（ISIS）极端组织支持者计划对英国军事基地发动 "独狼式" 袭击。该男子与 24 岁的堂弟住在一处三居室的露台上，房东在那里发现了刀具和他认为是炸弹的东西后报警。法庭开庭审理时发现这名男子在研究如何用无人机武器杀死英国士兵。检察官表示"总之，据称他持有极端主义观点，这些观点与 ISIS 等恐怖组织鼓吹的激进主义相一致，他接受了这类组织输出的观点，并决定在英国实施我们称之为'独狼'的行动。"

图 6.10　具有侦察和打击能力的无人机

3. 母舰-蜂群集群作战

"母舰-蜂群"集群作战样式是以母舰为运输载体和指挥中心，依靠大量中低端无人平台作战的一种有人/无人混合集群作战样式。它融合集群"低成本"、"无人化"优势和人类的"高智能"优势，实现能力互补，提高系统侦察监视、火力打击和智能防护等各种作战能力。未来需要研究比有人/无人编队更低人机比的任务类型、作战流程、使用方式等兵力运用模式，以解决集群带来的指挥难题。美国海军研究实验室开发的微型"蝉"（close-in covert autonomous disposable aircraft, CICADA）式无人机可以进行蜂群飞行[18]。这种手掌大小的无人机质量仅为 65g，机上有压力、温度和湿度传感器。每个发射管可携带 32 个"蝉"无人机，这种发射管可从美国海军的 P-3 飞机上投放。发射管从飞机上投放之后就开始释放无人机，这些无人机能以 5m 的定位精度飞向目标，也能在飓风中收集数据。

此外，人工智能生成的虚假信息将对指挥控制构成影响，使命令收发双方很难鉴别（书面、视频和音频等）信息的真实性。与数字黑客攻击计算机类似，社交工程黑客将攻击目标锁定在人，冒充指挥员或情报人员的肖像和声音，下发指令或者虚假情报。此外，人工智能可用于伪造军方指令和政策声明，并在互联网上广泛传播；敌方还可以利用这些技术来伪造证据，给我方制造不良舆论影响。

6.4　人工智能武器

人工智能在军事领域的发展潜力为现代常规武器的升级换代提供了重要思路和路径，也为武装冲突中降低人员伤亡提供了技术手段。同时，人工智能武器滥用对人类社会造成的威胁也已渐渐显现。例如，2020 年 11 月 27 日，伊朗核专家穆赫辛·法克里扎德（Mohsen Fakhrizadeh）在乘车途中遇到无人机枪的袭击，身中三弹而亡。该无人机枪安装在一辆无人汽车上，由卫星指挥，暗杀结束后，汽车爆炸。负责法克里扎德安全的 11 名警卫形同虚设，即使组成人肉盾牌，也无济于事。同年 11 月 29 日，伊朗革命卫队高级指挥官穆斯林·沙赫丹（Muslim Shahdan）乘坐的车辆遭到无人机袭击，沙赫丹与三名随行人员均在袭击中身亡。

6.4.1　人工智能武器在全球的发展

作为新生事物，当前国际社会仍然没有明确的人工智能武器定义。这一方面是因为什么样的技术属于人工智能，达到什么样的水平算是"智能的"，本身就很难界定。另一方面是因为人工智能武器可能带来法律、伦理等方面的风险导致其发展受到国际社会的抵制。红十字国际委员会对人工智能武器的定义是：不仅能够独立选择并确定攻击目标，还可以自行决定是否对目标进行攻击。目前看来，在短时间内难以研发出具备高度自主能力的人工智能武器，但在陆海空等领域均出现了可以被看成人工智能武器的构想与应用。

无人机被认为是空中人工智能武器的典型代表，然而现有大多数军用无人机装备往往由人员直接远程遥控，或者至少其关键环节（特别是发动攻击的决定）需要人的指令性输入，也就是所谓的"人在环路内"的控制模式，例如，捕食者无人机在高空飞行 24h 就需要 168 人共同协作完成对其远程控制的任务。这种"人在回路中"（图 1.3(a)）控制模式下的无人机一般不在人工智能武器的讨论范畴之内。随着人工智能技术的不断发展，未来无人机一方面将朝着更加自主的"人在回路上"甚至"人在回路外"方向发展，另一方面则将朝向更加小型化和集群化的方向发展，如图 6.11 中进行蜂群飞行的"蝉"式无人机系统。美国空军正在发展新一代人工智能战斗机，如正在研制的自主无人作战飞机（Skyborg）项目计划在 2023 年推出样机。在这个项目中，奎托斯（Kratos）公司制造的 XQ-58 Valkyrie 无人机将与 F-35 和 F-15EX 协同作战（图 6.12），这样可以减少空中高价格战斗机的数量，并削减成本和降低生命风险。

图 6.11 "蝉"式无人机蜂群飞行概念图

图 6.12 XQ-58 Valkyrie 无人机与有人作战飞机协同作战

　　陆上人工智能武器的典型代表包括增强士兵系统、军用机器人等。2020年，美国杂志《国家利益》网站发布的文章提出，人工智能能够大幅度提升美陆军士兵的单兵作战能力，尤其是在侦察目标和获取敌方信息方面。在经过计算机的实时分析后，实战中的士兵将会获取最理想的攻击选项。此外，美军正在测试一种使用人工智能技术制成的"超级战士"外骨骼，可增强士兵的机动能力，并允许士兵承受更大的负重。同年，据美国军事资讯网站www.military.com 报道，美国海军陆战队正在计划对一款可穿戴式的机器人外骨骼系统进行测试。据报道，美国海军陆战队将配备这款名为"守护者 XO"的全身型机器人外骨骼(图 6.13)，根据不同的任务种类，这套外骨骼可以让1 名士兵完成 4～10 名士兵才能完成的工作。这种可穿戴式的外骨骼可以连续 8h 反复提起和移动重达 200lb(1lb=0.454kg)的装备，而这以前是一名普通海军陆战队士兵无法独立完成的体力劳动。此外，军用机器人还是替代人类完成特定任务的自动化武器，而且不需要人直接参与，被广泛使用于反坦克、突击扫雷、战场布雷、空中侦察警戒等领域。

图 6.13　测试可穿戴式的机器人外骨骼系统

　　典型的海域人工智能武器可以分为水上无人装备和水下无人装备。2021年 4 月，美国海军在加利福尼亚海岸附近举行了"无人系统综合战斗问题(UxS IBP)21"演习。该次演习是美国太平洋舰队的演习，由美国第三舰队执行，对 MQ-9B 无人机、"海上猎人"(图 6.14)等无人艇以及由核潜艇投放无人潜航器的搜索与跟踪潜艇的战术与能力进行了测试，由此进一步验证了空中、水面与水下无人系统未来融入美军立体化反潜作战体系中的发展趋势。同时也可以看出，未来反潜机/无人机协同、潜艇/无人潜航器协同、无人水面艇反潜作战以及多平台跨域反潜等将成为美国海军重点发展的反潜作战样式[19]。"海上猎人"无人艇是典型的水上无人系统，是美国采用模块化设计而成的世界上吨位最大的无人艇，拥有优异的隐身性能，并且完全具备了现役反潜机、水面战舰和潜艇的广域作战能力，可与濒海战斗舰组成混合舰队，弥补大型水面舰艇在浅水区对潜侦察的劣势，可与其他无人舰艇协同作战，也可以在无人维护的条件下长期部署，具备惊人的海上持续作战能力。无人潜航器是典型的水下无人装备，美国海军设想利用"虎鲸"等超大型无人潜航器

图 6.14　"海上猎人"无人艇

装载传感器与武器系统等有效载荷,除了执行情报、监视与侦察任务外,还能够执行反水面作战、水雷战等多项作战任务。

　　除了陆海空之外,网络空间、航天等领域中发展的一些用于进攻或防御的系统和装备也可以看成人工智能武器,包括用于网络攻击的计算机病毒、木马、逻辑炸弹、石墨炸弹和电磁波冲弹等,用于防御的恶意软件检测等技术和装备,用于星际空间探测的机器人等。

6.4.2　人工智能武器的风险与挑战

　　人工智能正在推动人类社会发生广泛而深刻的变革,同时也可能带来意想不到的安全问题。从无人驾驶汽车撞人到自主武器杀人,从脑机接口打造超级人类到人工智能自我复制,人工智能真的安全吗?特别是将人工智能应用到军事领域,世界是否会陷入可怕的"人工智能军备竞赛",而导致人工智能失控?人工智能之所以给人类带来安全风险,一方面是人工智能技术不成熟造成的,包括算法不可解释性、数据强依赖性等技术局限性;另一方面是人工智能技术在应用和滥用过程中对不同领域造成的影响和冲击,包括对政治、经济、军事、社会伦理道德等的冲击和挑战。具体到军事领域,人工智能带来的风险和挑战,除了技术局限性和不成熟性带来的风险,还包括对现有战争机理的改变、对战略稳定性的冲击、对战争伦理道德的挑战等[20]。目前,社会各界已开始采取行动,包括加强人工智能安全监管、制定人工智能原则、制定人工智能安全标准、发展可解释的人工智能技术等。

　　国家新一代人工智能治理专业委员会于 2019 年 6 月发布《新一代人工智能治理原则——发展负责任的人工智能》，明确提出和谐友好、公平公正、包容共享、尊重隐私、安全可控、共担责任、开放协作、敏捷治理等八项原则[21]。该委员会表示，全球人工智能发展进入新阶段，呈现出跨界融合、人机协同、群智开放等新特征，正在深刻改变人类社会生活、改变世界。为促进新一代人工智能健康发展，更好地协调发展与治理的关系，确保人工智能安全可靠可控，推动经济、社会及生态可持续发展，共建人类命运共同体。

　　美国国防部在 2012 年发布了一份针对自主武器系统发展和运用的政策指令。该指令要求授权使用、直接使用或操作自主和半自动武器系统的人员必须在适当的监督下，并遵守战争法、适用的条约、武器系统安全等规则，表明了美国政府对于人工智能武器的发展所持有的谨慎态度，以及对限制大规模杀伤性武器的使用做出的努力尝试。2020 年，美军方制定了未来装备在机器人坦克、智能武器系统中人工智能的新道德标准，即责任、公平、可追溯、可靠和可控五大道德原则，未来这些通用性原则将适用于包括战斗与非战斗用途的人工智能，以维护美军在使用人工智能时的正当性与合法性[22]。

　　俄罗斯在 2018 年的瑞士日内瓦专家组会议上表示，目前很难对人工智能武器本身做出是好是坏的价值判断，因此应当秉持长远眼光看待致命性自主武器系统的发展，以更开放、更多元的态度平和对待。俄罗斯还表示，致命性自主武器的法律归因还是在于使用武器的人，现有的技术有助于减少平民不必要的伤害和财产损失，明确反对禁止无人机等人工智能武器的发展，并要求各国应自行规制人工智能武器的发展[22]。

参 考 文 献

[1] Greg A, Taniel C. Artificial intelligence and national security[R]. Cambridge: Congressional Research Service, 2018.

[2] Larry L. Insights for the Third Offset: Addressing challenges of autonomy and artificial intelligence in military operations[R]. Washington: Center for Naval Analysis, 2017.

[3] Executive Office of the President. Preparing for the future of artificial intelligence[R]. Washington: National Science and Technology Council, 2016.

[4] David G. Explainable AI program description[R]. Arlington: Defense Advanced Research Projects Agency, 2017.

[5] Mark P. What the pentagon is learning from its massive machine learning project[R]. Springfield: C4isrnet, 2018.

[6] Noah S. Pentagon plots digital "crystal ball" to "see the future" in battle[N/OL]. https://www. wired.com/2007/07/darpa-deep-gree/. [2022-01-10].

[7] Colin C. Rolling the marble: BG saltzman on air force's multi-domain C2 system[N/OL]. https://breakingdefense.com/2017/08/rolling-the-marble-bg-saltzman-on-air-forces-multi-domain-c2-system/. [2022-01-10].

[8] 郑大壮. 战场指挥新锐-俄罗斯"仙女座-D"轻型自动化指挥系统[J]. 环球军事, 2015,（14）: 48-49.

[9] 曾立科. 战之利器——彩虹无人机纪实[N]. 科技日报, 2016-3-3（4）.

[10] Loren B. Mayhem declared preliminary winner of historic cyber grand challenge[N/OL]. https://intelligencecommunitynews.com/mayhem-declared-preliminary-winner-of-historic-cyber-grand-challenge/. [2022-01-10].

[11] Robert O W, Shawn B. 20YY preparing for war in the robotic age[R]. Washington: Center for a New American Security, 2014.

[12] 孙英德, 赵猛. "仗怎么打": 问计作战概念创新[N]. 解放军报, 2016-11-12（5）.

[13] 杨小川, 毛仲君, 姜久龙, 等. 美国作战概念与武器装备发展历程及趋势分析[J]. 飞航导弹, 2021,（2）: 88-93.

[14] 樊丁源, 李远航. "分布式杀伤"能否颠覆未来海战[EB/OL]. https://www.sohu.com/a/516987075_358040. [2022-05-20].

[15] 金昊. 细说"大规模 2021"军演: 什么是海上分布式作战? [EB/OL]. https://military. china.com/news/13004177/20210531/39628628.html. [2022-01-10].

[16] John R H. Joint all-domain command and control: Background and issues for congress[R]. Washington: Congressional Research Service, 2021.

[17] Mick R. Human-machine teaming for future ground forces[R]. Washington: Center for Strategic and Budgetary Assessments（CSBA）, 2018.

[18] Mindy W. Swarms of CICADA drones could aid hurricane research[N/OL]. http://www. livescience.com/59966-tiny-stackable-gliding-drones.html. [2022-01-10].

[19] 姜林林. 美军 UxS IBP21 演习对未来无人海战模式启示[R]. 北京: 高端装备产业研究中心, 2021.

[20] 郝英好. 人工智能安全: 未来战争的风险与挑战[R]. 北京: 清华战略安全研究中心, 2020.

[21] 中国发布八大治理原则 致力于发展负责任的人工智能[N/OL]. https://www.chinanews. com.cn/gn/2019/06-17/8866913.shtml. [2022-01-10].

[22] 唐娟. 人工智能武器对国际人道法的挑战及规制[D]. 西安: 西北大学, 2021.